用于国家职业技能鉴定

国家职业资格培训教程

数控铣工

SHUKONG XIGONG

（技师 高级技师）

编审委员会

主　　任	刘　康		
副 主 任	陈李翔	原淑炜	
委　　员	陈　蕾	张　伟	熊军权	宋放之
	杨伟群	张超英	尚玉山	胡庞成

编写人员

主　　编	杨伟群	胡　林	
编　　者	张朋辉	李海霞	王展超	董玉梅
	赵正文	赵　华	梅建强	

中国劳动社会保障出版社

图书在版编目 (CIP) 数据

数控铣工：技师、高级技师 / 中国就业培训技术指导中心组织编写 . – 北京：中国劳动社会保障出版社，2012

国家职业资格培训教程

ISBN 978-7-5045-9925-4

Ⅰ . ① 数… Ⅱ . ① 中… Ⅲ . ① 数控机床 – 铣床 – 技术培训 – 教材 Ⅳ . ① TG547

中国版本图书馆 CIP 数据核字 (2012) 第 316722 号

中国劳动社会保障出版社出版发行

（北京市惠新东街1号 邮政编码：100029）

出版人：张梦欣

*

北京市艺辉印刷有限公司印刷装订 新华书店经销

787 毫米 × 1092 毫米 16 开本 18.5 印张 321 千字

2013 年 4 月第 1 版 2021 年 6 月第 5 次印刷

定价：**39.00 元**

读者服务部电话：（010）64929211/84209101/64921644

营销中心电话：（010）64962347

出版社网址：http://www.class.com.cn

前　　言

　　为推动数控铣工职业培训和职业技能鉴定工作的开展，在数控铣工从业人员中推行国家职业资格证书制度，中国就业培训技术指导中心在完成《国家职业标准·数控铣工》（以下简称《标准》）制定工作的基础上，组织参加《标准》编写和审定的专家及其他有关专家，编写了数控铣工国家职业资格培训系列教程。

　　数控铣工国家职业资格培训系列教程紧贴《标准》要求，内容上体现"以职业活动为导向、以职业能力为核心"的指导思想，突出职业资格培训特色；结构上针对数控铣工职业活动领域，按照职业功能模块分级别编写。

　　数控铣工国家职业资格培训系列教程共包括《数控加工基础》《数控铣工（中级）》《数控铣工（高级）》《数控铣工（技师　高级技师）》4本。《数控加工基础》内容涵盖《标准》的"基本要求"，是各级别数控铣工均需掌握的基础知识；其他各级别教程的章对应于《标准》的"职业功能"，节对应于《标准》的"工作内容"，节中阐述的内容对应于《标准》的"能力要求"和"相关知识"。

　　本书是数控铣工国家职业资格培训系列教程中的一本，适用于对数控铣工技师和高级技师的职业资格培训，是国家职业技能鉴定推荐辅导用书，也是数控铣工技师和高级技师职业技能鉴定国家题库命题的直接依据。

　　本书在编写过程中得到北京斐克科技有限责任公司、山特维克可乐满等单位的大力支持与协助，在此一并表示衷心的感谢。

中国就业培训技术指导中心

目 录

CONTENTS　国家职业资格培训教程

第二部分　数控铣工　高级技师

第二部分

数控铣工　高级技师

第一章
加工准备

第一节　读图与绘图方法

 学习目标

➢通过本节的学习，使培训对象能够绘制零件装配图。

➢通过本节的学习，使培训对象能够读懂数控铣床机械原理图及装配图。

 相关知识

一、装配图的画法

装配图的视图选择及表达方案比较重要，它直接影响装配图的阅读。一般情况下，选择表达方案应遵循这样的思路：以装配体的工作原理为线索，从装配干线入手，用主视图及其他基本视图来表达对部件功能起决定作用的主要装配干线，再辅以其他视图补充基本视图没有表达清楚的部分，最后达到把装配的工作原理和装配关系完整、清晰地表达出来的效果。

二、装配图的视图选择

1. 主视图的选择

（1）确定装配体的安放位置

一般可将装配体按其在机器中的工作位置安放，以便了解装配体的情况及其与其他部件的装配关系。如果装配体的工作位置倾斜，为画图方便，通常将装配体按放正的位置进行绘制。

（2）确定主视图的投影方向

装配体的位置确定以后，应该选择能较全面、明显地反映该装配体的主要工作原理、装配关系及主要结构的方向作为主视图的投影方向。

（3）确定主视图的表达方案

由于多数装配体的内部结构都需要表达，因此主视图多采用剖视图，所取剖视图的类型及剖切范围需要根据装配体内部结构的具体情况而定。

2. 其他视图的选择

主视图确定之后，若还有全局性的装配关系、工作原理及主要零件的主要结构未表达清楚，应该选择其他基本视图来表达。基本视图确定后，若装配体还有一些局部、外部或内部结构需要表达时，可灵活选用局部视图、局部剖视图或断面图等来补充表达。

三、装配图的表达方法

1. 拆卸画法

装配体上的零件之间有重叠现象，可采用拆卸画法。

（1）假想将一些零件拆去后画出剩下部分的视图。

（2）假想沿零件的接合面剖切，即把剖切面一侧的零件拆去，再画出剩下部分的视图。

2. 假想画法

（1）当需要表达某些运动零件或部件的运动范围、极限位置时，可用细双点画线画出其外形轮廓。

（2）当需要表达所画装配体与相邻零件或部件的关系时，可用细双点画线画出相邻零件或部件的轮廓。

（3）当需要表达钻模、夹具中所夹持工件的位置时，可用细双点画线画出所夹持工件的外形轮廓。

3. 简化画法

（1）在装配图中，螺栓、螺母等可按简化画法画出。

（2）在装配图中，零件的工艺结构（如小圆角、倒角、退刀槽等）可不画出。

（3）装配图中的滚动轴承可只画出一半，另一半采用特征画法画出。

（4）对于装配图中若干相同的零件组（如螺栓、螺母、垫圈等），可只详细地画出一组或几组，其余只用细点画线表示出装配位置。

（5）在装配图中，当剖切平面通过的某些组件为标准件，或该组件已由其他图形表达清楚时，则该组件可按不剖绘制。

（6）在装配图中，在不致引起误解、不影响看图的情况下，剖切平面后不需要表达的部分可省略。

4．展开画法

为了表达传动机构的传动路线和零件间的装配关系，可以假想按传动顺序沿轴线剖切，然后依次展开，使剖切平面摊平，即与选定的投影面平行，再画出其剖视图。

5．夸大画法

在装配图中，如果绘制的零件是直径（或厚度）小于 2 mm 的孔（或薄片），或有较小的斜度和锥度，允许该部分不按比例而夸大画出。

6．单独零件的单独视图画法

在装配图中，可以单独画出某零件的视图，但是必须标注出该零件的视图名称，在相应视图的附近用箭头指明投影方向，并标注上同样的字母。

 **操作技能**

一、根据零件图绘制装配图

画装配图时，可由内向外按装配关系逐层画出各个零件，也可由外向内先将支撑和包容作用较大、结构较复杂的箱体、壳体或支架等零件画出，再按装配干线和装配关系逐个画出其他零件。如果采用 CAD 绘图软件，则可以结合图形库功能，采用零件图合并的功能，有利于提高绘图效率。

下面说明利用 CAD 软件的图形合并功能绘制装配图的方法。

1．确定零件主视图投影方向

这里需要将图 1—1 所示的 5 个主要零件进行装配并生成装配主视图，根据装配体的要求，需要先定出零件主视图的投影方向，目前已按零件图主视图方向配置好视图，后面需要将这些零件图进行图形几何变换以实现装配。

2．装配轴承标准件

分析装配连接关系可知，轴由两滚动轴承支撑，两滚动轴承由座体支撑，用两端盖实现轴向定位。两端盖用螺钉座体连接，这里利用 CAXA 电子图板绘图软件的

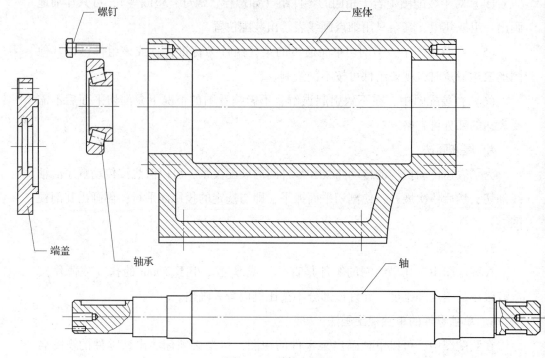

图1—1 零件主视图

标准件库来直接提取并选择 GB/T 297—94 31307 型圆锥滚子轴承（见图1—2a），在系统的导航状态下安装轴承时，系统会自动捕捉特殊点定位，如图1—2b 所示，可以用"给定两点"方式，捕捉图中1、2点，就可以准确定位。右侧的轴承用镜像获得，如图1—2c 所示。

3. 组装端盖、座体和定位螺钉

与轴承装配类似，利用图形平移功能，用"给定两点"方式，使左端盖准确定位，如图1—3a 所示。

然后拾取图1—3a 的全部图形，利用正交状态下的点—点定位方式，将图形并入座体，如图1—3b 所示。

同样可以以座体的左右方向中心线为基准，实现右边端盖的镜像复制，如图1—3c 所示。最后将已画好的螺钉（也是预先从标准件库中拖出来的）组装到对应的孔位，即完成了阶段性的装配体，如图1—3d 所示。

关于其他视图的绘制，可先完成一个视图后再完成另外一个视图。也可从主视图画起，按投影关系与其他几个视图联系起来画，以保证作图的准确性，提高作图速度。

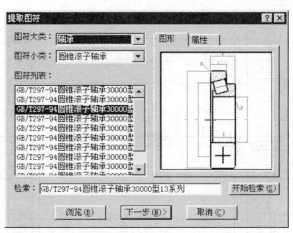

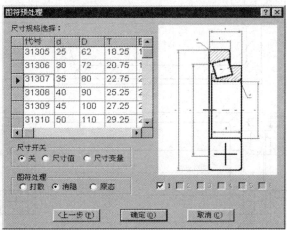

a)

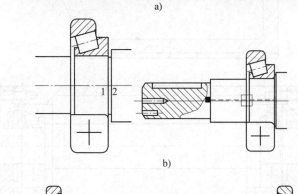

b)

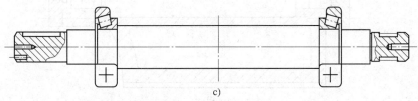

c)

图1—2　轴承的组装

a）轴承的生成　b）确定轴承定位点　c）镜像右侧轴承

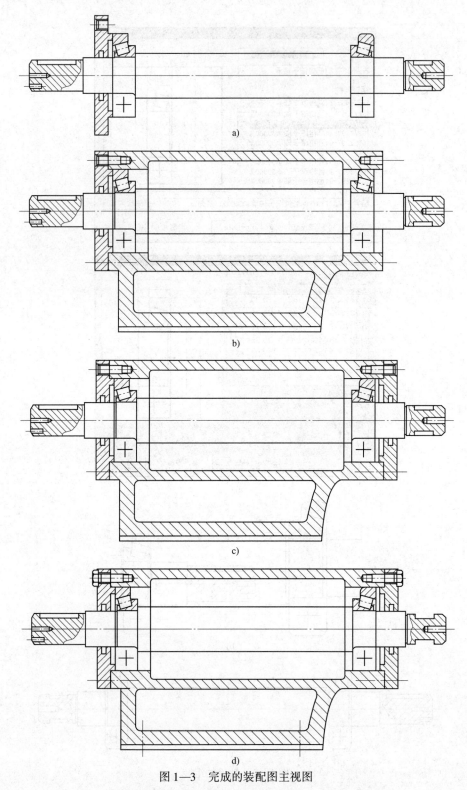

图1—3 完成的装配图主视图

a）组装左端盖　b）并入座体　c）组装右端盖　d）组装定位螺钉

二、数控铣床回转工作台装配图的识读与分析

数控机床是一种高效率的加工设备,当工件被装夹在工作台上以后,为了尽可能地完成较多工序或者完成全部工序的加工,以扩大工艺范围和提高机床利用率,除了要求机床有沿 X、Y、Z 三个坐标轴的直线运动之外,还要求工作台在圆周方向有进给运动和分度运动。通常回转工作台可以实现大于 360° 的回转,用来进行圆弧加工或与直线运动联动进行曲面加工,以及利用工作台精确地自动分度,实现箱体类零件各个面的加工。在自动换刀多工序数控铣床、加工中心上,回转工作台已成为不可缺少的部件。为快速更换工件,带有托板交换装置的工作台应用得越来越多。

数控铣床的回转工作台主要有进给回转工作台和分度回转工作台两种,其工作台面的形式又有带托板交换装置和不带托板交换装置两种。

1. 进给回转工作台

进给回转工作台的主要功能有两个,一是工作台进给分度运动,即在非切削时,装夹工件的工作台在整个圆周 360° 范围内进行分度旋转;二是工作台作圆周方向进给运动,即在进行切削时,与 X、Y、Z 三个坐标轴(或更多坐标轴)联动,加工复杂的空间曲面。

如图 1—4 所示的进给回转工作台由传动系统、间隙消除装置和蜗轮夹紧装置等组成。此回转工作台由电动机 1 驱动,经齿轮 2、4 带动蜗杆 9 转动,通过蜗轮 10 带动工作台回转。为了消除齿轮 2、4 的反向间隙和传动间隙,通过调整偏心环 3 来改变齿轮 2、4 的中心距,使齿轮总是无侧隙啮合。齿轮 4 和蜗杆 9 靠圆柱销 5 连接,以消除配合间隙。蜗杆 9 是齿厚渐厚蜗杆,轴向移动蜗杆可消除它与蜗轮的间隙。这种蜗杆的左右两侧具有不同的螺距,因此,蜗杆的齿厚从头部到尾部逐渐增加,但由于同一侧的螺距是相同的,所以仍能保持正确的啮合。调整时先松开螺母 7 上的锁紧螺钉 8,使压板 6 与调整套 11 松开,再松开圆柱销 5,然后转动调整套 11 带动蜗杆 9 作轴向转动,调整后锁紧调整套 11 和圆柱销 5。

当工作台静止时,必须处于锁紧状态。为此,在蜗轮底部装有八对夹紧块 12 和 13,并在底座上均布着八个小液压缸 14,当液压缸 14 的上腔通入压力油时,活塞 15 向下运动,通过钢球 17 撑开夹紧块 12 和 13,将蜗轮 10 夹紧。当工作台需要回转时,数控系统发出指令,液压缸 14 回油,钢球 17 在弹簧 16 的作用下向上抬起,使夹紧块 12 和 13 松开,此时蜗轮 10 和回转工作台可按照控制系统的指令作回转运动。

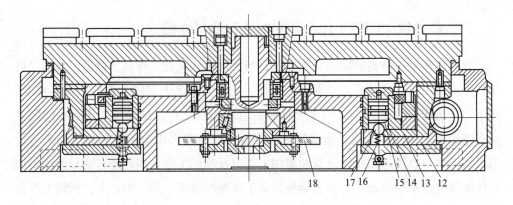

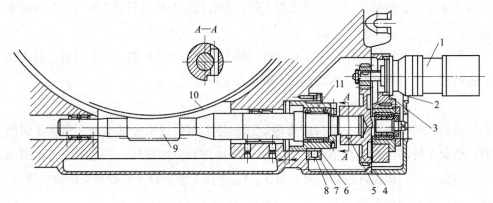

图1—4　进给回转工作台

1—电动机　2、4—齿轮　3—偏心环　5—圆柱销　6—压板　7—螺母

8—锁紧螺钉　9—蜗杆　10—蜗轮　11—调整套　12、13—夹紧块

14—液压缸　15—活塞　16—弹簧　17—钢球　18—光栅

　　进给回转工作台设有零点，当它作回零运动时，首先使装在蜗轮上的挡块碰撞限位开关，使工作台减速，然后通过光栅18使工作台准确地停在零点位置上。利用光栅还可作任意角度的回转分度，并可达到很高的分度精度。进给回转工作台主要应用于数控铣床等，特别是在加工复杂的空间曲面（如航空发动机叶片、船用螺旋桨等）时，由于回转工作台具有圆周进给运动，易于实现与 X、Y、Z 三坐标轴的联动，但需与高性能的数控系统配套。

　　2. 分度回转工作台

　　数控机床的分度回转工作台与进给回转工作台的区别在于它可根据加工要求将工件回转至所需的角度，以达到加工不同面的目的。它不能实现圆周进给运动，故结构上两者有差异。

　　分度回转工作台主要有两种形式：定位销式分度回转工作台和鼠齿盘式分度回转工作台。前者的定位分度主要靠工作台的定位销和定位孔实现，分度数取决于定位孔在圆周上分布的数量，通常在360°范围内可作二、四、八等分的分度运动，由于其分度数的限制及定位精度低等原因，很少用于现代数控铣床和加工中心。鼠齿盘式分度回转工作台是利用一对上下啮合的齿盘，通过上下齿盘的相对旋转来实现工作台的分度，分度的角度范围依据齿盘的齿数而定。其优点是定位刚度高，重复定位精度高，分度精度可达$0.5'' \sim 3''$，且结构简单。缺点是鼠齿盘的制造精度要求很高而使制造难度大，目前鼠齿盘式分度回转工作台已经广泛应用于各类数控铣床和加工中心上。

如图1—5所示是带有托板交换装置的分度回转工作台，采用鼠齿盘分度结构。其分度原理如下：

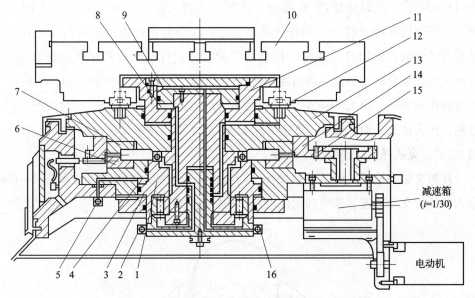

图1—5 带有托板交换装置的分度回转工作台

1—活塞体 2、5、16—液压阀 3、4、8、9—液压腔 6、7—鼠齿盘 10—托板

11—液压缸 12—定位销 13—工作台体 14—齿圈 15—齿轮

当回转工作台不转位时，鼠齿盘7和6总是啮合在一起，当控制系统给出转动指令后，电磁铁控制换向阀运动（图中未画出），使压力油进入液压腔3，活塞体1向上移动，并通过滚珠轴承带动整个工作台体13向上移动，工作台体13的上移使得鼠齿盘6与7脱开，装在工作台体13上的齿圈14与齿轮15保持啮合状态，电动机通过传动带和传动比为$i = 1/30$的减速箱带动齿轮15和齿圈14转动。当控制系统给出分度指令时，驱动电动机旋转并带动鼠齿盘7旋转进行分度，当转过所需角度后，驱动电动机停止，压力油通过液压阀5进入液压腔4，使活塞体1向下移动并带动整个工作台体13下移，使鼠齿盘6和7啮合，可准确地定位，从而实

现了工作台的分度回转。

齿轮 15 上装有剪断销（图中未画出），如果分度回转工作台发生超载或碰撞等现象，剪断销将自动切断，从而避免机械部件的损坏。

分度回转工作台根据编程命令可以正转，也可以反转，由于该齿盘有 360 个齿，故最小分度单位为 1°。分度回转工作台上的两个托板是用来交换工件的，托板规格为 φ630 mm。托板台面上有 7 个 T 形槽、两个边缘定位块，用来定位夹紧，托板台面利用 T 形槽可安装夹具和零件。托板靠四个精磨的定位销 12 在分度回转工作台上定位，液压夹紧。

托板的交换过程如下：当需要更换托板时，控制系统发出指令，使分度回转工作台返回零位，此时液压阀 16 接通，使压力油进入液压腔 9，液压缸 11 向上移动，托板则脱开定位销 12。当托板被顶起后，液压缸带动齿条向左移动，从而带动与其啮合的齿轮旋转并使整个托板装置旋转，使托板沿着滑动轨道旋转 180°，从而达到托板交换的目的。当新的托板到达工作台上面时，空气阀接通，压缩空气经管路从托板定位销 12 中间吹出，清除托板定位销孔中的杂物。同时，液压阀 2 接通，压力油进入液压腔 8，使液压缸 11 向下移动，并带动托板夹紧在四个定位销 12 中，完成托板交换的整个过程。

托板夹紧和松开一般不单独操作，而是在托板交换时自动进行。如图 1—6 所示为两托板交换装置。作为选配件也有四托板交换装置。

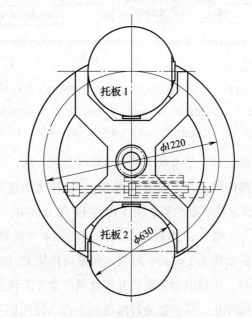

图 1—6　两托板交换装置

三、绘制装配图的注意事项

1. 设计过程中绘制的装配图应详细一些，以便为零件设计提供结构方面的依据。指导装配工作的装配图则可简略一些，重点在于表达每种零件在装配体中的位置。

2. 应从装配体的全局出发综合考虑，特别是一些复杂的装配体，可能有多种表达方案，应比较后择优选用。

3. 在装配图中，装配体的内外结构应用基本视图表达，而不应以过多的局部视图来表达，以免图形支离破碎，不易形成整体概念。

4. 如果视图需要剖开绘制时，应从各条装配干线的对称面或轴线处剖开。同一视图中不宜采用过多的局部剖视图，以免使装配体内外结构的表达不完整。

5. 对装配体的工作原理、装配结构、定位和安装等方面没有影响的次要结构，可不必在装配图中一一表达，留待零件设计时由设计人员自定。

第二节 制定加工工艺

 学习目标

➤通过本节的学习，使培训对象能够编制高难度、精密、薄壁零件的数控加工工艺规程。

➤通过本节的学习，使培训对象能够对零件的多工种数控加工工艺进行合理性分析，并提出改进建议。

 相关知识

一、工艺系统的几何误差及改善措施

工艺系统的几何误差直接影响工件的加工精度，其中主要是主轴回转运动误差、机床导轨误差和机床传动链误差。

1. 主轴回转运动误差

机床主轴是装夹刀具或工件的位置基准，它的误差直接影响工件的加工质量。

尤其是在精加工时，机床主轴的回转运动误差往往是影响工件圆度的主要因素。

所谓主轴回转运动精度，是指主轴的实际回转轴线相对于平均回转轴线（实际回转轴线的对称中心）在规定测量平面内的变动量。变动量越小，主轴回转运动精度越高；反之越低。主轴回转运动误差的形成可分为三种基本形式。

（1）轴向窜动

轴向窜动是指瞬时回转轴线沿平均回转轴线方向的轴向运动，如图1—7所示。它主要影响端面形状和轴向尺寸精度。

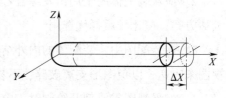

图1—7 主轴的轴向窜动

（2）径向跳动

径向跳动是指瞬时回转轴线始终平行于平均回转轴线方向的径向运动，如图1—8所示。它直接影响被加工工件的圆度和径向尺寸精度。

（3）角度摆动

角度摆动是指瞬时回转轴线与平均回转轴线成一倾斜角度，但其交点位置固定不变的运动，如图1—9所示。它主要影响工件圆柱面形状精度。

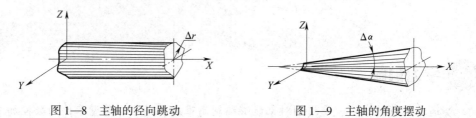

图1—8 主轴的径向跳动　　　　　图1—9 主轴的角度摆动

提高主轴回转运动精度的方法是提高主轴组件的设计、制造和安装精度。例如，选用高精度滚动轴承或采用高精度多油楔的动压轴承和静压轴承，提高箱体支撑孔、主轴轴颈等与轴承相配合的零件上有关表面的加工精度。

2. 机床导轨误差

导轨是机床中确定主要部件相对位置的基准和运动基准，其制造和装配精度是影响直线运动精度的主要因素，它直接影响工件的加工质量。

（1）导轨在水平面内的直线度

例如，卧式车床导轨在水平面内的直线度误差将使刀尖在水平面内产生位移 ΔY，导致被加工工件在半径方向上产生误差 ΔR（$\Delta R = \Delta Y$），如图1—10所示。这一误差将直接反映到工件直径上，产生圆度误差（如锥形、鼓形和鞍形等），对加工精度影响较大。工件在直径方向的误差为 $\Delta D = 2\Delta Y$。

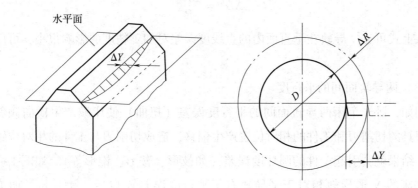

图 1—10 车床导轨在水平面内的直线度误差及其影响

（2）导轨在垂直面内的直线度

如图 1—11 所示，车床导轨在垂直面内的直线度误差将使刀尖位置在垂直面内产生位移 ΔZ，导致工件在半径方向上产生误差 $\Delta R'$。

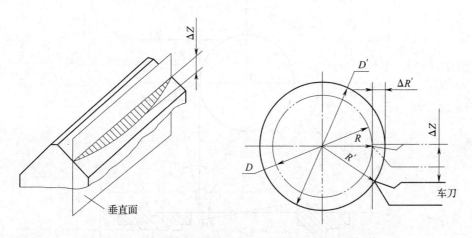

图 1—11 车床导轨在垂直面内的直线度误差及其影响

由图中的几何关系可得

$$R'^2 = R^2 + \Delta Z^2$$

$$(R + \Delta R')^2 = R^2 + \Delta Z^2$$

$$即\ R^2 + 2R\Delta R' + \Delta R'^2 = R^2 + \Delta Z^2$$

忽略 $\Delta R'^2$ 不计，得

$$\Delta R' \approx \frac{\Delta Z^2}{2R}$$

则工件在直径方向上的误差为

$$\Delta D' = \frac{\Delta Z^2}{R}$$

从上式可见，导轨在垂直面内的直线度误差对加工精度的影响很小，可以忽略不计。

（3）两导轨面间的平行度

例如，卧式车床两导轨面间的平行度误差（扭曲）使床鞍产生横向倾斜，因而使刀具的切削刃和工件的相对位置产生偏移，造成切削刃与工件的相对位置发生变化，结果就会引起工件的圆柱度误差（如鼓形、鞍形、锥形等）。如图1—12所示，车床的V形导轨相对于平导轨有了平行度误差 Δ 以后，就引起了加工误差 ΔY，由图中几何关系可知

$$\Delta Y : H = \Delta : B$$

即　　$$\Delta Y = \frac{\Delta}{B} \cdot H$$

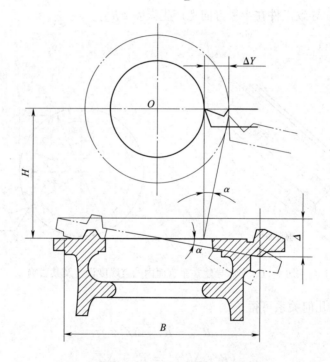

图1—12　车床导轨面间的平行度误差

机床的安装对导轨的原有精度影响也很大，尤其是床身较长的龙门刨床、导轨磨床等，因床身较长而刚度较低，在本身自重的作用下容易产生变形。因此，安装地基和安装方法都将直接影响导轨的变形，产生工件加工误差。

如果要减小导轨误差对加工精度的影响，可以通过提高导轨的制造、安装和调

整精度来实现。另外，也可以利用误差非敏感方向来设计安排定位和加工。误差产生在加工表面的法线方向，对加工精度构成直接影响，称为误差敏感方向；误差产生在加工表面的切线方向，不对加工精度构成直接影响，则为误差非敏感方向。例如，转塔车床上转塔刀架的定位就选在误差非敏感方向上，保证了实际加工的精度。

3. 机床传动链误差

机床传动链误差是指机床传动链始末两端传动元件间相对运动的误差，一般用机床传动链末端的转角误差来衡量。在加工螺纹或用展成法加工齿轮等时，必须保证工件与刀具间有严格的运动关系。如果机床传动链中的传动元件有制造和装配误差以及在使用过程中有磨损时，就会破坏正确的运动关系，使加工的螺纹或齿轮产生误差。例如，滚切直齿圆柱齿轮时，有

$$\omega_g = \frac{K}{z_g}\omega_d$$

式中　ω_g——工件的角速度；

　　　ω_d——滚刀角速度；

　　　K——滚刀头数；

　　　z_g——工件齿数。

因此，刀具与工件间必须采用内联系传动链才能保证传动精度。如果传动链是升速传动，则末端元件的转角误差将扩大；反之，则转角误差将缩小。在一般的传动链中，末端元件的误差影响较大，故末端元件（如滚齿机床的分度蜗轮）的精度要求就应提高。

提高机床传动链精度的措施：尽可能缩短传动链（减少传动副数量）；提高各传动元件的制造精度和装配精度；合理分配传动链中各传动副的传动比，减速比尽量安排在末端传动副（即末端传动副的减速比越大，则其余传动元件的误差对加工精度的影响越小）。另外，还可以采用传动误差校正装置。

此外，工艺系统的几何误差还包括刀具的制造误差、磨损误差和定尺寸刀具的尺寸误差，以及夹具的制造和装配误差、工件的定位和夹紧误差、工件在加工过程中的测量误差和调整误差等。

二、工艺系统受力变形产生的误差及改善措施

工艺系统在切削力、传动力、惯性力、夹紧力及重力等的作用下会产生相应的变形，从而破坏已调好的刀具与工件间的正确位置，使工件产生几何形状误差和尺

寸误差。

例如，车削细长轴时，在切削力的作用下，工件因弹性变形而出现"让刀"现象，使工件呈腰鼓形，产生圆柱度误差，如图1—13a所示。又如，在内圆磨床上用横向切入法磨孔时，由于砂轮主轴的弯曲变形，磨削出的孔壁出现锥度，产生圆柱度误差，如图1—13b所示。

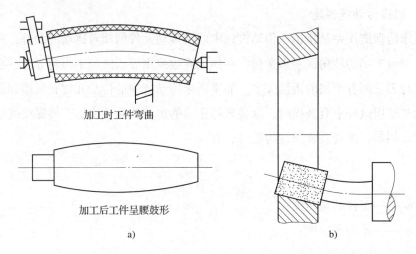

图1—13　工艺系统受力变形引起的加工误差
a）工件变形　b）砂轮主轴变形

工艺系统受力变形通常是弹性变形，一般来说，工艺系统抵抗变形的能力越大，加工误差就越小。也就是说，工艺系统的刚度越高，加工精度越高。

工艺系统的刚度取决于机床、夹具、刀具及工件的刚度，其一般公式为

$$K_{xt} = \cfrac{1}{\cfrac{1}{K_{je}} + \cfrac{1}{K_{jj}} + \cfrac{1}{K_{dj}} + \cfrac{1}{K_{gj}}}$$

式中　K_{xt}——工艺系统刚度，N/m；

K_{je}——机床刚度，N/m；

K_{jj}——夹具刚度，N/m；

K_{dj}——刀具刚度，N/m；

K_{gj}——工件刚度，N/m。

由上式可知，提高工艺系统各组成部分的刚度可以提高工艺系统的整体刚度。实际生产中常采取的有效措施有减小接触面的表面粗糙度值，增大接触面积；适当预紧，减小接触变形，提高接触刚度；合理布置肋板，提高局部刚度；减小受力变形，提高工件刚度（如车削细长轴时，采用中心架或跟刀架）；合理装夹工件，减

小夹紧变形（如加工薄壁套时采用开口过渡环或专用卡爪夹紧）。

 **操作技能**

叶片锻模的工艺分析与设计

所谓锻模，是指在高温条件下，利用金属的塑性变形，将金属挤压成所需形状的金属体积成形模具。锻模由上模和下模两部分组成，按形状分为方锻、圆锻等；按用途分为中小结构件锻模和叶片锻模等。

1. 锻模构造

以下主要对锻模的构造进行简单介绍。

（1）锁口

锁口是锻模的导向基准，可防止上下模工作时模槽合口产生偏移。

（2）检验角

检验角是锻模上互相垂直的两个侧面，垂直度精度较高。制造锻模时，检验角是模槽划线加工的基准面，也是安装、调整上下模位置的基准面。

（3）钳口

钳口的作用是放置钳子以便夹持坯料或锻件。在制造锻模时，钳口可作为浇型检验模槽用的浇口。

（4）止口

止口是控制上下模相对位置及角度的配合面。

（5）模槽

模槽是直接用于金属变形的型腔，它包括成形型腔、飞边桥和飞边槽三部分。按型腔数量不同，锻模可分为单模槽锻模和多模槽锻模。

单模槽锻模的结构比较简单，工作时，坯料可直接在模槽内锻造成形，一般用于制造形状简单的锻件。而多模槽锻模的结构复杂，工作时坯料要依次在各个不同模槽中锻造，常用于制造形状复杂的锻件。

模槽的构造对锻件的质量有直接影响，一般在制造中必须注意以下几点：

1）模槽的圆角。金属在模槽中的变形首先是在模槽的棱口处开始的，锻压时加热后的金属虽然具有一定的塑性，但仍具有较高的强度。这时如果模槽棱口太尖锐，将使金属的变形受到很大的阻力，从而加剧模槽棱口磨损。为了减小模槽的磨损，并便于金属充满整个模槽，所以模槽内一切有尖角的地方都应制成圆角。

2）模槽的斜度。锻造时金属是被强力挤压而充满模槽的，为便于锻后锻件从模槽中取出，模槽内各垂直立面都制成带有一定斜度的倾斜面。一般上模的模槽斜度要比下模大 1°~2°，模槽越深，斜度应越大，一般为 3°~15°。

3）锻模的分模面。按锻件形状不同，分模面可以是水平的，也可以是带坡度或凹凸型的。

4）飞边槽。终锻模槽周围一般都带有一圈飞边槽，其作用是在模锻终了时形成飞边，以增大锻件周围的阻力，防止金属从分模面中流出，保证金属充满整个模槽；容纳必需的多余金属；使上模和下模之间的接触得到缓冲，延长锻模的使用寿命。

5）模槽的通气孔。对于较深的模槽，为便于锻压时空气从模槽中排出，常在上模的模槽中钻出通气孔。通气孔的直径一般为 3~5 mm。

2. 叶片精锻模工艺

叶片精锻模是叶片加工技术的关键，传统加工中由于缺乏加工编程和加工仿真工具，只能加工小余量叶片的预锻模具，公差给定 0.05 mm，叶片还有 0.5 mm 的加工余量，即使模具没有满足公差要求，问题也不是很大，因为还有加工余量以弥补模具加工误差的不足，这无疑降低了模具加工的标准及加工难度，模具加工相对来说容易了很多。

模槽型面最终通过加工出来的夹具及样板进行检查，最多也只能算是二维检测，检测的部位有限，可信度不高，模具整体精度很难保证。

如图 1—14 所示的叶片锻模是某发动机第一级转子叶片校正模的形状及结构，公差给定 0.025 mm。制造模具时，如果按传统加工方法是以夹具及样板为基准最终靠手工定型的，由于现在模具的型腔精度要求很高，这样对于夹具及样板的要求就会更高，这更增大了模具的制造难度。为此由编程人员直接调用设计人员所提供的产品数字模型进行数控程序的编制，然后在数控设备上对模具的型面进行粗、精加工。这样加工出来的模具型面完全能体现出设计人员的设计意图，此模具经三坐标测量仪检测后，其误差在 ±0.025 mm 以内，完全符合图样要求。锻模加工工艺安排见表 1—1。

（1）数控切削工艺安排

根据对工装的工艺分析及制定的工艺安排，工件型面的加工主要通过两道数控铣削工序来完成，其中一道工序是淬火前加工，属于淬火前粗加工；另一道工序是淬火后加工，属于淬火后型面精加工。因为淬火前后工件型面的余量和工件的硬度都有所区别，所以这两道工序在设备的选取和加工参数的设置上都有所差别。

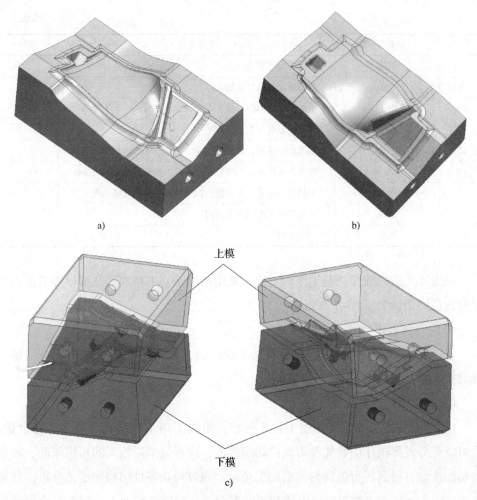

图 1—14 叶片锻模

a) 下模　b) 上模　c) 上、下模装配示意图

表 1—1 锻模加工工艺安排

工序	工序名称	工序内容	备注
1	下料	切割 2 块 4Cr5W2VSi 合金钢毛坯	
2	刨削	精刨毛坯六面，上模留磨削余量 0.2 mm，下模留磨削余量 0.5 mm	
3	划线	按图样尺寸要求	
4	钳工	钻 $8 \times \phi 30$ mm 孔	
5	热处理	高温回火	
6	平磨	磨上下模的基准面	
7	高速铣	按基准面拉直，加工内型、桥部、毛边槽，型腔与桥部留余量 0.8~1.5 mm，其余到尺寸，粗铣，标记上、下模	

续表

工序	工序名称	工序内容	备注
8	划线	按图样尺寸要求	
9	立铣	数控铣至划线尺寸处	
10	钳工	精修、抛光型腔，修上工序，标刻图号及上、下模	
11	淬火、吹砂	变形控制在 0.1 mm 以内	
12	平磨	基准面达光亮，其他至尺寸，保证面垂直度 0.05 mm	
13	高速铣	按基准面拉直，加工型腔及桥部，留研磨余量0.05 mm	
14	钳工	精修数控铣加工不到处，抛光型面，修各转接圆角	
15	刮研	部分型面可配以手工刮研	
16	终检	三坐标检测	

对于淬火前的数控铣削工序的安排，采用粗加工、半精加工及清根加工，该工序型面最终余量为 0.8 ~ 1.0 mm。

(2) 刀具创建

通过对工装的工艺分析，在编制加工程序前，首先在 UG CAM 环境中创建刀具父节点组，如图 1—15 所示。

(3) 刀具轨迹编制

1) 下模粗加工工序。如图 1—16 所示，粗加工用于快速去除零件毛坯余量，这时应充分发挥机床的性能和刀具的切削性能，应尽量采用较大的切削深度、较少的切削次数，得到尽可能均匀的精加工余量。通过对该零件结构的工艺分析，首先使用 $\phi 30$ mm 平底立铣刀对所有要加工的型面进行型腔铣粗加工，型面的余量设为 1.3 mm，每层平面内的步距设为所选用刀具直径的 70%，层与层之间的距离设为 0.3 mm。通过该刀路可以快速地去除大量余量，从而提高生产效率。型腔铣的刀轨是在垂直于刀轴的平面内的两轴刀轨，通过多层两轴刀轨逐层切削材料。每层刀轨构成一个切削层，这样刀具侧面的切削刃可以实现对垂直面的切削，底面的切削刃切削工件底面材料。

2) 下模半精加工工序。如图 1—17 所示，半精加工用于去除粗加工时所留下的大部分余量，为精加工留出均匀的余量。本阶段半精加工是对两侧榫槽部分的加工。由于榫槽部分比较窄小，粗加工时刀具比较大，留的余量较多，则依然采用型腔铣的加工方法进行加工，使用 $R5$ mm 球头铣刀，留余量 0.8 mm，由于刀具减小，每层平面内的步距设为 1 mm，层与层之间的距离设为 0.3 mm，这样也保证了工件表面有一定的光洁度。

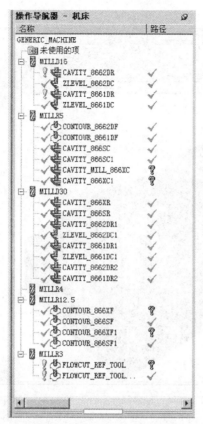

图1—15　创建刀具父节点组

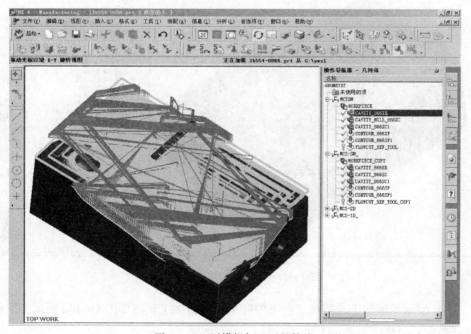

图1—16　下模粗加工刀具轨迹

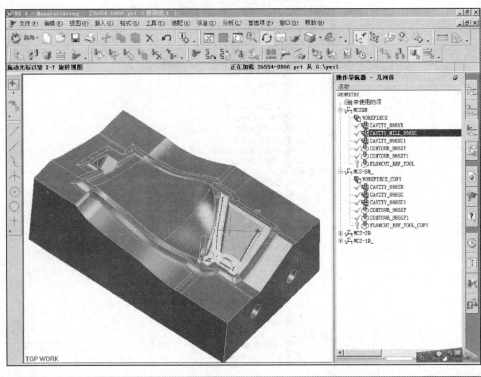

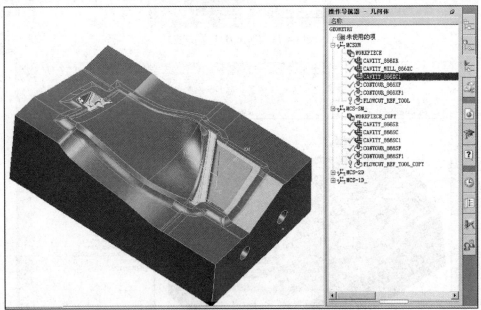

图1—17 下模半精加工刀具轨迹

3）型面半精加工及精加工。下模叶型面半精加工轨迹如图1—18a所示，下模除叶型面外的型面粗精加工轨迹如图1—18b所示。

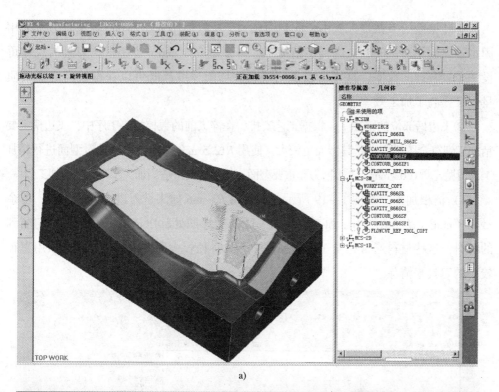

a)

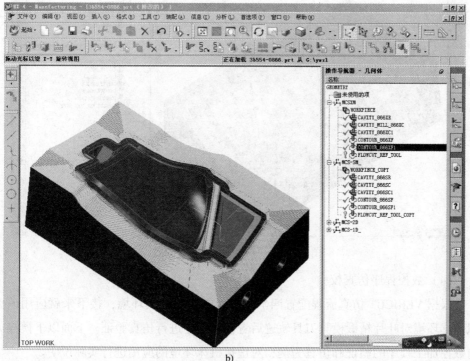

b)

图1—18　型面半精加工及精加工

a）下模叶型面半精加工轨迹　b）下模除叶型面外的型面精加工轨迹

①叶型面的半精加工。由于此型面较大，所以使用 R12.5 mm 球头铣刀，采用固定轴曲面轮廓铣的方法进行半精加工。留余量 0.8 mm，步距根据刀具的尺寸可设一个较合理的数值，这样可以采用较高的切削速度，既可以获得较高的表面质量，又提高了加工效率。

②飞边槽部位的精加工。根据工艺安排，在淬火前的数控加工工序中，飞边槽需要精加工到符合图样要求，其型面也较大，使用 R12.5 mm 球头铣刀单独对型面进行精加工，留抛光量 0.02 mm。飞边槽为非重要型面，精加工时可适当加大步距，提高加工效率。

4）清根加工。如图 1—19 所示，最后用 R3 mm 球头铣刀进行清根加工，留余量 0.8 mm。清根切削用于加工零件加工区的边缘凹处，以清除前面操作未切削到的材料，这些材料通常是由于前面操作中刀具直径较大而残留下来的，必须用直径较小的刀具来清除。

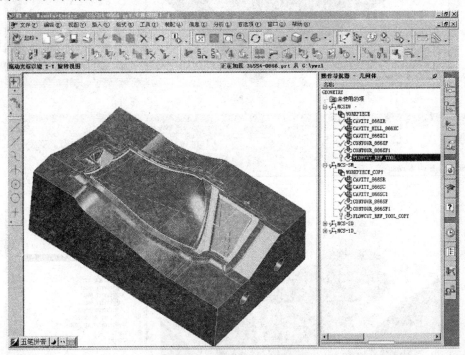

图 1—19 下模型面清根加工轨迹

（4）数控程序仿真校验

根据 VERICUT 仿真流程配置四坐标机床的虚拟仿真环境，接下来就应用该虚拟仿真环境对叶片精锻模具刀具轨迹后置输出程序进行仿真验证。下面以下模淬火前数控加工程序的验证和仿真为例，对虚拟机床环境的应用进行实际说明。

步骤 1： 按照编制程序的设置，在 VERICUT 虚拟环境下，设置 302.327 mm × 500 mm × 202 mm 的块（Block）作为仿真用的毛坯（Stock）。

步骤2：根据 UG CAM 设置程序零点的位置，在 VERICUT 虚拟环境下，创建 G54 加工坐标系，如图 1—20 所示。后续的程序将以此为加工零点，所以必须保证其位置正确。

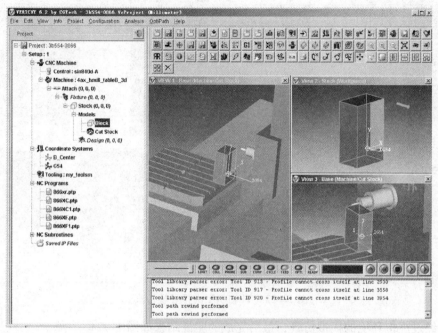

图 1—20　配置好的锻模下模加工程序虚拟验证环境

步骤3：选择 "NC Programs" 系统将打开加工程序调用对话框，浏览并选择输出的程序，并选择 "Add（添加）" 将程序调入仿真环境中，如图 1—21 所示。

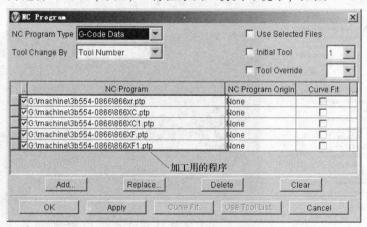

图 1—21　加载下模加工程序

步骤4：设置好以上参数后，选择运动工具条（见图 1—22）中的 ，开始程序的模拟仿真。在使用 VERICUT 虚拟环境仿真过程中，可以分别通过几种不同的方式观察工件的切削状态，如图 1—23 所示。

图1—22　运动工具条

图1—23　VERICUT 虚拟环境仿真

经过虚拟环境的模拟仿真，最后完成的验证结果如图1—24所示。

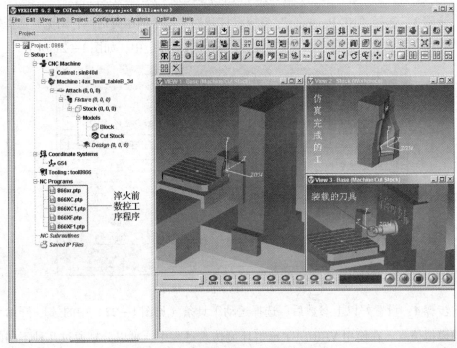

图1—24　锻模下模加工程序验证结果

第三节 零件定位与装夹

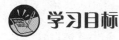 **学习目标**

➤通过本节的学习，使培训对象能够设计复杂零件的专用夹具。

➤通过本节的学习，使培训对象能够对铣床夹具进行误差分析并提出改进建议。

 **相关知识**

一、专用夹具的设计与制造

专用夹具是指专为某个工件的某道工序而设计制造的夹具。这类夹具的特点是针对性强，装夹工件迅速，操作简单、方便，生产效率高；其缺点是设计制造周期长，产品更新换代后不能重复使用，费用较高。因此只适用于产品固定、批量较大的生产。

1. 专用夹具设计的主要步骤

（1）收集并分析原始资料，明确设计任务

设计夹具时必要的原始资料包括工件的有关技术文件、本工序所用机床的技术特性、夹具零部件的标准及夹具结构图册等。

（2）拟订夹具的结构方案，绘制结构草图

设计中最好考虑几个不同方案，画出草图，经过工序精度和结构形式的综合分析、比较、计算，同时也应进行粗略的经济分析，选取最佳方案。

（3）绘制夹具总图

（4）绘制夹具零件图

夹具总图中的非标准件都要绘制零件图。在确定夹具零件的尺寸、公差和技术要求时，要考虑满足总图中规定的精度要求。夹具精度通常是在装配时获得的。夹具的装配精度可由各有关零件相应尺寸的精度保证，或采用装配时直接加工、修配法等来保证。若采用第二种方法，在标注零件图中有关尺寸时，应标明对装配的要求。

2. 专用夹具设计时应注意的问题

在专用夹具中，夹具体的形状和尺寸往往是非标准的。设计和制造夹具体时应注意以下问题：

（1）应有足够的刚度和强度

铸造夹具体壁厚一般为 15～30 mm，焊接夹具体壁厚为 8～10 mm。必要时可用加强肋或框式结构以提高刚度。

（2）力求结构简单、装卸工件方便

在保证刚度和强度的前提下，尽可能使其体积小、质量轻、便于操作。

（3）尺寸要稳定

制造夹具体时应进行必要的热处理，以防止其日久变形。

（4）要有良好的结构工艺性

夹具体的结构应便于加工夹具体的安装表面、安装定位元件的表面和安装对刀或导引装置的表面，并有利于满足这些表面的加工精度要求。夹具体上表面与工件表面之间应留有 4～15 mm 的空隙。加工面应高出不加工面。

（5）清除切屑要方便

切屑不多时，可加大定位元件工作表面与夹具体之间的距离或增设容屑沟。加工中产生大量切屑时，则应设置排屑沟，还应考虑能排除切削液。

（6）在机床上安装要稳定、可靠、安全

夹具体可用铸造（大多采用灰铸铁 HT150 或 HT200，也可用铸钢或铸铝）、焊接、锻造或用非标准零部件装配的方法来获得。

二、夹具的误差分析

夹具的使用状况在某种意义上反映了产品质量的稳定程度。零件的加工误差实际上是机械加工系统综合误差的反映，它不仅包括夹具的制造误差，还包括机床误差、刀具误差、工件的定位误差，就其误差的组成和误差的可控性来说，夹具的误差就显得较为重要。

夹具精度通常是在装配时获得的。在装配时，首先需保证每个零件的加工精度，接着在装配的每一步都必须校核精度，对未达到精度的配合处，通过对零件直接加工和修配来保证精度。

定位误差是由于工件在夹具（机床）上定位不准确而引起的加工误差。为了满足工序的加工要求，必须使工序中各项加工误差的总和等于或小于该工序所规定的工序误差，即

$$\Delta_j + \Delta_w \leq \Delta_g$$

式中　Δ_j——与夹具机床有关的加工误差；

　　　Δ_w——与工序中除夹具（机床）外的其他因素有关的误差；

　　　Δ_g——工序误差。

由上式得知，使用夹具加工工件时，应尽量减小由夹具产生的加工误差，从而较好地控制加工误差。

例如，在轴上铣键槽，要求保证槽底至轴线的距离 H。若采用 V 形块定位，将键槽铣刀按规定尺寸 H 调整好位置，如图 1—25 所示。实际加工时，由于工件直径存在误差，会使轴线位置发生变化。不考虑加工过程误差，仅由于轴线位置变化而使工序尺寸 H 也发生变化。此变化量（即加工误差）是由于工件的定位而引起的，故称为定位误差。

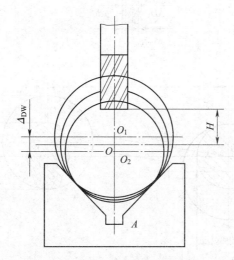

图 1—25　定位误差分析

1. 一面两孔定位误差分析

当工件以一面两孔定位、夹具以一面两销限位时，应在分析基准位移误差的基础上，根据加工工序尺寸标注，通过几何关系转换为定位误差。

这种定位方式的基准位移误差包括两类：

（1）沿图 1—26a 所示平面内任意方向移动的基准位移误差 Δy，它的大小取决于第一定位副的最大间隙 $x_{1\max}$，即

$$\Delta y = \Delta D_1 + \Delta d_1 + x_{1\min} = x_{1\max}$$

（2）转角误差 $\Delta\alpha$（见图 1—26b）近似值为

$$\Delta\alpha = \arctan \frac{\overline{O_1 O_1'} + \overline{O_2 O_2'}}{L}$$

所以
$$\Delta\alpha = \arctan\frac{x_{1\max} + x_{2\max}}{2L}$$

式中　ΔD_1——孔直径公差；

　　　Δd_1——销直径公差；

　　　$x_{1\max}$、$x_{2\max}$——两定位副的最大配合间隙。

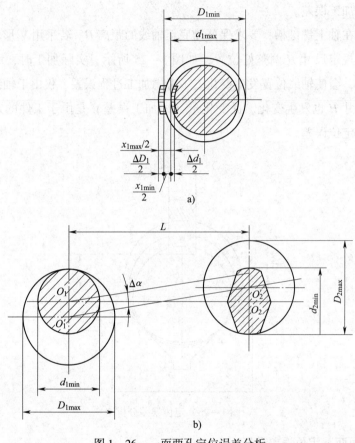

图1—26　一面两孔定位误差分析

注意，若工件可以沿任意方向产生角位移，则应按双向转角误差 $2\Delta\alpha$ 计。

减小一面两孔定位误差的措施首先是在工件上加一外力，使其角位移向单边偏转；其次是提高定位副的制造精度，减小配合间隙或采用圆锥销、可胀销等，以减小 Δy。

2. V形块定位误差分析

当工件在夹具的 V 形块上以外圆柱面作为定位基面时，一般认为经过精密加工的 V 形块两工作面是对称的，即可保证定位基准处于 V 形块的假想对称平面上，则定位基准在水平方向上的位移误差不存在，$\Delta y_{水平} = 0$。但在垂直方向上，由于定位基面 $d_{-\Delta d}^{0}$ 存在制造误差 $-\Delta d$，故产生的基准位移误差（见图1—27）为

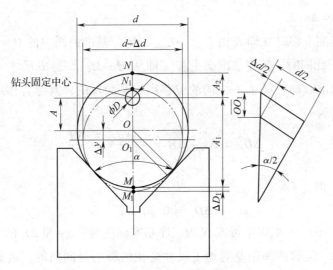

图1—27 工件以外圆柱面在V形块上定位

$$\Delta y_{\text{垂直}} = \overline{OO_1} = \frac{\Delta d}{2\sin\dfrac{\alpha}{2}}$$

由上式不难看出，当 Δd 一定时，V形块夹角 α 越大，则 $\Delta y_{\text{垂直}}$ 越小，定位精度越高，但其定位稳定性越差，故一般取 $\alpha = 90°$。

V形块定位误差的大小还与工序尺寸的标注有关，如图1—28所示，有三种情况。

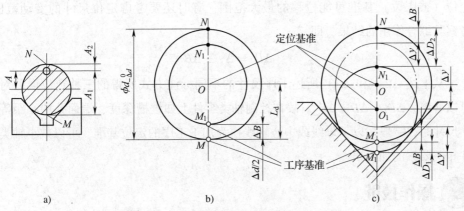

图1—28 工序尺寸标注不同时的定位误差

（1）若工序尺寸以轴线为工序基准，标注为尺寸 A，此时工序基准与定位基准重合，$\Delta B = 0$，即可求出定位误差 ΔD。

当 $\alpha = 90°$ 时，有

$$\Delta D = 0.707\Delta d$$

（2）若工序尺寸 A_1 以下母线 M 为工序基准标注时，基准位移误差同上。但因基准不重合，且其联系工序基准与定位基准的定位尺寸 $L_d = d/2$，它的公差为

$\Delta d/2$，故 $\Delta B = \Delta d/2$。

当定位基准下移时（即 L_d 由 $L_{dmax} \rightarrow L_{dmin}$，定位基准由图中的 $O \rightarrow O_1$），造成尺寸 A_1 增大。与此同时，工序基准会上移（即从 $M \rightarrow M_1$），造成尺寸 A_1 减小。这就是说这两种基准对加工尺寸 A_1 方向的位移影响是相反的，其综合作用的结果造成定位误差 ΔD_1 为

$$\Delta D_1 = \Delta y - \Delta B = \frac{\Delta d}{2\sin\frac{\alpha}{2}} - \frac{\Delta d}{2}$$

当 $\alpha = 90°$ 时，有

$$\Delta D_1 = 0.207\Delta d$$

（3）若工序尺寸 A_2 以上母线 N 为工序基准标注时，Δy 和 ΔB 的大小都与尺寸 A_1 的情形相同，但这两种误差对加工尺寸变化的影响是同向的，造成的定位误差 ΔD_2 为

$$\Delta D_2 = \Delta y + \Delta B = \frac{\Delta d}{2\sin\frac{\alpha}{2}} + \frac{\Delta d}{2}$$

当 $\alpha = 90°$ 时，有

$$\Delta D_2 = 1.207\Delta d$$

分析定位误差的关键，在于找出一批工件的工序基准在加工尺寸方向上相对于定位（或限位）基准可能位移的最大范围，有时还要考虑定位尺寸的变动范围，考察其综合作用的结果，即

$$\Delta D = \Delta y \pm \Delta B$$

从上述（2）和（3）所述工序尺寸的不同标注方式所得的三种定位误差对比可以看出，$\Delta D_1 < \Delta D < \Delta D_2$。故在控制轴类零件上如键槽深度、端面孔中心距等工序尺寸时，一般多以下母线或中心轴线作为加工工序的定位基准，可以减小轴类零件相关要素的加工误差。

 **操作技能**

误差分析与计算

例如，某企业加工一批轴箱时，该零件的废品率较高，需要对加工该零件的各个环节进行质量检验和评价。其中重要的一环就是对夹具的误差进行分析评估，如图 1—29 所示。

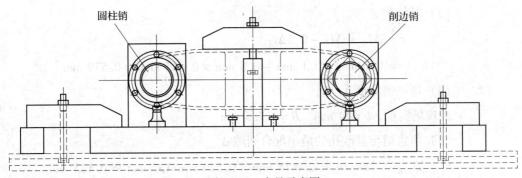

圆柱销　　　　　　　　　　削边销

图1—29　夹具示意图

因为工件和夹具定位元件均有制造误差，所以一批工件在夹具中定位后的位置将是变动的，即存在定位误差。此工序为典型的一面两孔定位，两定位销采用一圆柱销和一削边销。在对定位误差分析计算之前，先对削边销进行分析计算。

定位简图如图1—30所示。

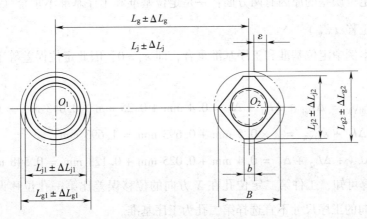

图1—30　定位简图

1. 削边销的分析计算

（1）假定两定位销中心距

$$L_j = L_g = 550 \text{ mm}$$

两定位销中心距公差

$$\pm \Delta L_j = \pm (1/5 \sim 1/3) \Delta L_g$$

已测得工序公差 $\Delta L_g = 0.5$，取系数 1/5，则

$$\pm \Delta L_j = \pm \left(\frac{1}{5} \times 0.5 \right) = \pm 0.1 \text{ mm}$$

（2）已知圆柱销最大直径 d_1（$D_1 = D_2 = 132 \text{ mm}$）

$d_1 = D_1 = 132 \text{ mm}$，配合公差取 f11 $\binom{-0.043}{-0.293}$

（3）补偿值 ε

$$\varepsilon = \Delta L_g + \Delta L_j - 0.5\Delta_{1min}$$

$$= 0.5 \text{ mm} + 0.1 \text{ mm} - 0.5 \text{ mm} \times 0.043 \text{ mm} \approx 0.579 \text{ mm}$$

（4）削边销宽度 b、B

经现场测量，$b = 14$ mm，$B = 127.5$ mm

（5）削边销与基准孔的最小配合间隙 Δ_{2min}

$$\Delta_{2min} = 2b\varepsilon/D_2 = 2 \times 14 \text{ mm} \times 0.579 \text{ mm}/132 \text{ mm} \approx 0.123 \text{ mm}$$

（6）削边销的最大直径 d_2

$$d_2 = D_2 - \Delta_{2min} = 132 \text{ mm} - 0.123 \text{ mm} = 131.877 \text{ mm}$$

公差取 h6，则 $d_2 = 131.877 \left(^{\;0}_{-0.025} \right)$ mm

2. 定位误差分析与计算

产生定位误差的原因有两方面：一是定位基准和工序基准不重合（ε_B），二是定位基准位移（ε_W）。

由于本例中定位基准和工序基准重合，即 $\varepsilon_B = 0$，因此定位误差等于定位基准位移 ε_W。

$$\varepsilon_{01XW} = \varepsilon_{01YW} = \Delta L_{g1} + \Delta L_{j1} + \Delta_1 = 0.4 \text{ mm} + 0.25 \text{ mm} + 0.043 \text{ mm} = 0.693 \text{ mm}$$

$$\varepsilon_{02XW} = 2\Delta L_g + \varepsilon_{01XW} = 2 \times 0.5 \text{ mm} + 0.693 \text{ mm} = 1.693 \text{ mm}$$

$$\varepsilon_{02YW} = \Delta L_{g2} + \Delta L_{j2} + \Delta_2 = 0.4 \text{ mm} + 0.025 \text{ mm} + 0.123 \text{ mm} = 0.548 \text{ mm}$$

经计算可知，工件第二定位孔在 X 方向的位移误差比第一孔位移误差大，所以在 X 方向的工序尺寸不宜选择第二孔为工序基准。

由此可以看出，定位误差比较大，夹具精度不是很高，势必影响工件的加工精度。为了提高精度，可将原夹具作一下改动，将原夹具的圆柱销、削边销与支架的焊接改成用螺钉连接。

第四节　数控刀具

学习目标

➤能根据难加工材料合理选择刀具材料和切削参数。

➤能依据切削条件和刀具条件估算刀具的使用寿命，并设置相关参数。

➤能推广使用新知识、新技术、新工艺、新材料、新型刀具。

➤能进行刀具刀柄的优化使用，提高生产效率，降低成本。

➤能对难加工材料进行加工。

➤能选择和使用适合高速切削的刀具系统。

 **相关知识**

一、铣削刀具的选用

1. 铣刀直径的选择原则

铣刀直径大，散热条件好，铣刀杆刚度高，所允许的铣削速度快、切削量大。但铣刀直径大时，铣刀的切入长度增加，工作时间长，铣削时铣削力矩大，刀具材料消耗也大。

关于圆柱铣刀的直径，粗铣时可根据一次被铣去的余量来选择，精铣时可选用较大直径的铣刀，以减小加工表面的表面粗糙度值。

端铣刀的直径应比工件宽度略大，一般按工件宽度的 1.2～1.6 倍选取。

2. 铣刀齿数（齿距）的选择原则

铣刀齿数多，可提高生产效率，但受容屑空间、刀齿强度、机床功率及刚度等的限制，不同直径的铣刀的齿数均有相应规定。为满足不同需要，同一直径的铣刀一般有粗齿、中齿、细齿三种类型。

（1）粗齿铣刀

粗齿铣刀的刀齿强度高，容屑槽空间大，但同时参与切削的齿数少，工作平稳性差，振动较大，适用于粗加工和软材料加工或切削宽度较大的铣削加工；当机床功率较小时，为使切削稳定，也常选用粗齿铣刀。

（2）中齿铣刀

中齿铣刀是通用系列，使用范围广泛，具有较高的金属切除率和切削稳定性。

（3）细齿铣刀

细齿铣刀同时参与切削的齿数多，每齿进给量小，铣削平稳。细齿铣刀主要用于铸铁、铝合金和有色金属的大进给速度切削加工。在专业化生产（如流水线加工）中，为充分利用设备功率和满足生产节奏要求，也常选用细齿铣刀（此时多为专用非标准铣刀）。

为防止工艺系统出现共振，保证切削平稳，还有一种不等分齿距铣刀。在铸钢、铸铁件的大余量粗加工中建议优先选用不等分齿距铣刀。

二、常用铣刀主要几何参数的选择

1. 立铣刀主要几何参数选择

选择立铣刀加工时，刀具的有关参数推荐按经验数据选取：立铣刀主偏角 κ_r 都是 90°，副偏角 $\kappa_r = 1°30' \sim 2°$。

铣凹轮廓时，铣刀半径 r 应小于内凹轮廓面的最小曲率半径 ρ，一般取 $r = (0.8 \sim 0.9) \rho$。铣刀半径尽量选得大些，以提高刀具的刚度和耐用度；零件的加工厚度 $H \leqslant (1/6 \sim 1/4) r$，以保证刀具有足够的刚度。

对不通槽（或孔）的加工，选取 $l = H + (5 \sim 10)$ mm（l 为切削部分长度，H 为零件加工厚度）；对通槽或外形的加工，选取 $l = H + r_\varepsilon + (5 \sim 10)$ mm（r_ε 为刀尖圆弧半径）；加工肋时，刀具直径 $D = (5 \sim 10) b$（b 为肋的厚度）。

如图 1—31 所示，粗加工内凹轮廓面时，铣刀最大直径为

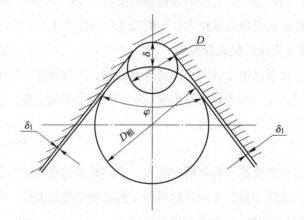

图 1—31　粗加工凹轮廓面立铣刀直径的估算

$$D_{粗} = \frac{2\left(\delta \sin \dfrac{\varphi}{2} - \delta_1\right)}{1 - \sin \dfrac{\varphi}{2}} + D$$

式中　D——轮廓的最小圆角直径；

δ——圆角两邻边夹角等分线方向最大的精加工余量；

δ_1——单边精加工余量；

φ——圆角两邻边的夹角。

2. 端铣刀主要几何参数选择

端铣刀主要依据工件材料和刀具材料以及加工性质确定其几何参数。

高速钢端铣刀按国家标准规定，直径 $d = 80 \sim 250$ mm，螺旋角 $\beta = 10°$，齿数 $z = 10 \sim 26$。标准可转位端铣刀直径为 $16 \sim 630$ mm，粗铣时铣刀直径选较小值，精铣时铣刀直径选较大值。

硬质合金端铣刀切削时冲击大，前角应取更小数值或负值；铣削强度、硬度高的材料时选负前角。

工件材料硬度不高，选大后角；硬度高的材料选小后角；粗齿铣刀选小后角，细齿铣刀取大后角。

端铣刀的主偏角在 $30° \sim 90°$ 范围内选取，一般为 $75°$。为了获得 $90°$ 台阶时，取主偏角 $90°$；硬质合金端铣刀铣钢件时，主偏角 κ_r 取 $60° \sim 75°$，副偏角 κ_r' 取 $0° \sim 5°$；硬质合金端铣刀铣铸铁件时，主偏角 $\kappa_r = 45° \sim 60°$，副偏角 $\kappa_r' = 0° \sim 5°$；端铣刀的刃倾角通常取 $-5° \sim -15°$。

3. 镗孔刀具的选择

镗孔刀具的主要问题是刀柄的刚度。镗孔一般是悬臂加工，应尽量采用对称的两刃以上的镗刀头进行切削，以平衡径向力，防止或消除振动，应考虑尽可能选择大的刀柄直径，接近镗孔直径；尽可能选择短的刀柄臂（工作长度）；选择主偏角接近 $90°$ 或大于 $75°$；选择涂层刀片和小的刀尖圆弧半径；精加工采用正切削刃（正前角）刀片的刀具，粗加工采用负切削刃刀片的刀具；镗深盲孔时，采用压缩空气或切削液来排屑和冷却。

要选择正确、快换的镗刀柄。镗削台阶孔时采用组合镗刀，以提高镗削效率。精镗宜采用微调镗刀。

为了保证镗刀柄和镗刀头有足够的刚度，被加工孔的直径在 $30 \sim 120$ mm 范围内时，镗刀柄直径一般为孔径的 $0.7 \sim 0.8$ 倍；镗刀柄上方孔的边长（或圆柱孔的直径）为镗刀柄直径的 $0.2 \sim 0.4$ 倍。

当孔径小于 30 mm 时，最好采用整体式镗刀，并用可调节镗刀盘装夹进行加工。对直径大于 120 mm 的孔，镗刀柄直径不必很大，只要镗刀柄、镗刀头的刚度足够即可。此外，在选择镗刀柄直径时，还要考虑孔的深度和镗刀柄所需的长度。镗刀柄长度较短，直径可适当减小，镗刀柄长度越长，则直径选得越大。

三、新型工具系统应用

在传统的镗铣加工中，通常使用的是各种 7∶24 锥柄的刀具接口。这些接口的主轴端面与刀具存在间隙，在主轴高速旋转和切削力的作用下，主轴的大端孔径膨胀，造成刀具轴向和径向定位精度下降。同时，锥柄的轴向尺寸和质量都较大，不利于快速换刀和机床的小型化。为了适应高速切削加工对刀具系统的要求，最近10年来各工业发达国家相继研制开发了多种新型结构的刀柄。

1. HSK 刀柄

HSK 刀柄是德国阿亨（Aachen）工业大学机床研究所在20世纪90年代初开发的一种双面夹紧刀柄，它是双面夹紧刀柄中最具有代表性的。HSK 刀柄已于1996年列入德国 DIN 标准，并于2001年12月成为国际标准 ISO 12164。其刚度和重复定位精度比标准7∶24锥柄提高了几倍至几十倍。

HSK 刀柄由锥面（径向）和法兰端面（轴向）双面定位，实现与主轴的刚性连接。当刀柄在机床主轴上安装时，空心短锥柄与主轴锥孔能完全接触，起到定心作用。此时，HSK 刀柄法兰盘与主轴端面之间还存在约 0.1 mm 的间隙。在拉紧机构作用下，拉杆向右移动，使其前端的锥面将弹性夹爪径向张开，同时夹爪的外锥面作用在空心短锥柄内孔的30°锥面上，空心短锥柄产生弹性变形，并使其端面与主轴端面靠紧，实现了刀柄与主轴锥面和主轴端面同时定位和夹紧的功能。

HSK 刀柄结构的主要优点是能有效地提高刀柄与机床主轴的结合刚度。由于采用锥面、端面过定位结合，使刀柄与主轴的有效接触面积增大，并从径向和轴向进行双面定位，大大提高了刀柄与主轴的结合刚度，克服了传统的标准7∶24锥柄在高速旋转时刚度不足的弱点。

HSK 刀柄有较高的重复定位精度，并且自动换刀动作快，有利于实现自动换刀的高速化。由于采用1∶10的锥度，其锥部长度短（大约是7∶24锥柄相近规格的一半）。每次换刀后刀柄与主轴的接触面积一致性好，故提高了刀柄的重复定位精度。由于采用空心结构，质量轻，便于自动换刀。

HSK 刀柄具有良好的高速锁紧性。刀柄与主轴间由弹性扩张爪锁紧，转速越高，扩张爪的离心力越大，锁紧力越大。

按德国 DIN 标准的规定，HSK 刀柄采用平衡式设计，其结构有 A、B、C、D、E、F 共6种形式（见图1—32），每一种形式又有多种尺寸规格。A 型、B 型为自动换刀刀柄，C 型、D 型为手动换刀刀柄，E 型、F 型为无键连接刀柄，适用于超高速切削。

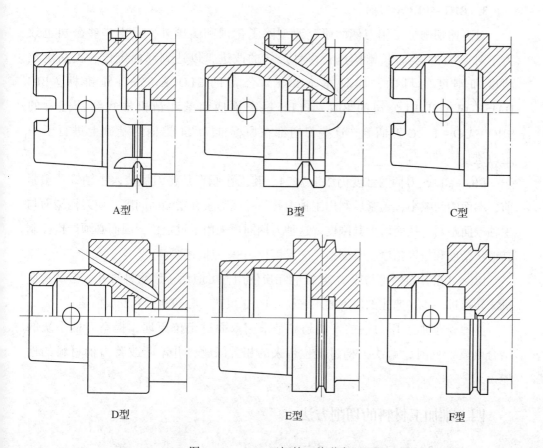

A型　　　　　B型　　　　　C型

D型　　　　　E型　　　　　F型

图1—32　HSK刀柄的6种形式

A型—带中心内冷的自动换刀型　B型—带端面内冷的自动换刀型

C型—带中心内冷的手动换刀型　D型—带端面内冷的手动换刀型

E型—带中心内冷的自动换刀高速型　F型—无中心内冷的自动换刀高速型

2. KM刀柄

KM刀柄是美国肯纳（Kennametal）公司与德国维迪亚（Widia）公司于1987年联合开发出来的、与HSK刀柄并存的1∶10短锥空心柄。KM刀柄首次提出了端面与锥面双面定位原理。KM刀柄采用1∶10短锥配合，配合长度短，仅为标准7∶24锥柄相近规格长度的1/3，部分解决了端面与锥面同时定位而产生的干涉问题。另外，KM刀柄与主轴锥孔间的配合过盈量较高，可达HSK刀柄结构的2～5倍，其连接刚度比HSK刀柄还要高。同时，与其他类型的空心锥柄连接相比，相同法兰外径采用的锥柄直径较小，因而主轴锥孔在高速旋转时扩张小，高速性能好。

3. BIG－PLUS 刀柄

对高速切削加工用刀柄的研究改型除了德国和美国外，日本一些公司也致力于对原 7:24 实心长锥柄进行多种形式的改进，以达到双面定位、提高定位精度和刚度的目的，如日本 NIKKEN 公司的 3LOCK SYSTEM 锥柄，BIG DAISHOWA SEIKI 公司的 BIG－PLUS 精密锥柄和圣和精机株式会社开发的 SHOWA D－F－C 刀柄等。这些刀柄都在原标准 7:24 锥柄的基础上进行了一定改进。

BIG－PLUS 刀柄的锥度仍然是 7:24。其工作原理是将刀柄装入主轴锥孔锁紧前，端面的间隙小，锁紧后利用主轴内孔的弹性膨胀补偿端面间隙，使刀柄端面与主轴端面贴紧，从而增大其刚度。这种刀柄同样采用了过定位，因而必须严格控制其形状精度和位置精度，其制造工艺难度比 HSK 刀柄还要高。

BIG－PLUS 刀柄可与原 7:24 锥柄互换使用，可应用于原主轴锥孔。但从适应机床转速进一步高速化的发展要求来说，1:10 短锥空心柄则更有发展前途。

高速切削加工用刀柄的发展趋势是采用双面过定位原理，提高刀柄系统的结合刚度。同时，解决刀柄过定位带来的相关问题，并不断改善刀柄材料的性能。

四、难加工材料的切削方法

1. 切削难加工材料时的刀具磨损

切削难加工材料时，通常出现的刀具磨损包括以下两种形态：

（1）由于机械作用而出现的磨损，如崩刃或磨粒磨损等。

（2）由于热及化学作用而出现的磨损，如黏结、扩散、腐蚀等，以及由切削刃软化、熔融而产生的破断、热疲劳、热龟裂等。

切削钛合金类具有低热传导率的难加工材料时，切削时产生的热量很难扩散，致使刀具刀尖附近的温度很高，切削刃受热影响极为明显。这种影响的结果会使刀具材料中的黏结剂在高温下黏结强度下降，WC（碳化钨）等粒子易于分离出去，从而加速了刀具磨损。另外，难加工材料中的某些成分和刀具材料中的某些成分在切削区内产生高温的条件下发生反应，出现成分析出、脱落，或生成其他化合物等，将加速刀具崩刃等磨损现象。

在切削高硬度、高韧性的被加工材料时，切削刃附近的温度很高，也会出现与切削难加工材料时类似的刀具磨损现象，如切削高硬度钢时，与切削一般钢材相比，切削力更大，刀具刚度不足将会引起崩刃等现象，使刀具性能不稳定，而且会缩短刀具寿命，尤其是加工生成短切屑的工件材料时，会在切削刃附近产生月牙洼磨损，往往在短时间内即出现刀具破损现象。

在切削高温合金或耐热合金时，由于材料的高温硬度很高，切削时的应力大量集中在刀尖处，这将导致切削刃产生塑性变形；同时，由于加工硬化而引起的边界磨损也比较严重。鉴于这些特点，所以要求企业在切削难加工材料时，必须慎重选择刀具品种和切削条件，以获得理想的加工效果。

2. 难加工材料在切削加工中应注意的问题

切削加工大致分为车削、铣削及以刀具中心齿为主的切削（如钻头的切削等），这些切削加工的切削热对刀尖的影响也各不相同。车削是一种连续切削，刀尖承受的切削力无明显变化，切削热连续作用于切削刃上；铣削则是一种间断切削，切削力断续作用于刀尖，切削时将产生振动，刀尖所受的热影响是切削时的加热和非切削时的冷却交替进行，总的受热量比车削时少。铣削时的切削热是一种断续加热现象，刀齿在非切削时即被冷却，这将有利于延长刀具寿命。

切削难加工材料用的刀具材料中立方氮化硼（CBN）的高温硬度是现有刀具材料中最高的，最适用于难加工材料的切削加工。新型涂层硬质合金是以超细晶粒合金作为基体，选用高温硬度良好的涂层材料加以涂层处理，这种材料具有优异的耐磨性，也是可用于难加工材料切削的优良刀具材料之一。

难加工材料中的钛及钛合金由于化学活性高、热传导率低，可选用金刚石刀具进行切削加工。CBN烧结体刀具适用于高硬度钢及铸铁等材料的切削加工，CBN成分含量越高，刀具寿命也越长，切削用量也可相应提高。据报道，已开发出不使用黏结剂的CBN烧结体。

金刚石烧结体刀具适用于铝合金、纯铜等材料的切削加工。金刚石刀具刃口锋利，热传导率高，刀尖滞留的热量较少，可将积屑瘤等黏附物的发生控制在最低限度之内。在切削纯钛和钛合金时，选用单晶金刚石刀具切削比较稳定，可延长刀具寿命。

涂层硬质合金刀具几乎适用于各种难加工材料的切削加工，但涂层（如单一涂层和复合涂层）的性能差异很大，因此，应根据不同的加工对象选用适宜的涂层刀具材料。据报道，已开发出金刚石涂层硬质合金和DLC（类金刚石碳）涂层硬质合金，使涂层刀具的应用范围进一步扩大，并已可用于高速切削加工领域。

3．切削难加工材料的刀具优化

从传统上看，难加工材料的切削条件主要是针对刀具几何形状况的改进，但随着刀具性能的提高、高速高精度 CNC 机床的出现，以及高速铣削方式的引进等，目前，难加工材料的切削已进入高速加工、刀具长寿命化的时期。现在，采用小切深以减轻刀具切削刃负荷，从而提高切削速度和进给速度的加工方式，已成为切削难加工材料的最佳方式。当然，选择适应难加工材料特有性能的刀具材料和刀具几何参数也极为重要，而且应力求刀具切削轨迹的最佳化。例如，钻削不锈钢等材料时，由于材料热传导率很低，因此，必须防止切削热大量滞留在切削刃上，为此应尽可能采用间断切削，以避免切削刃和切削面摩擦生热，这将有助于延长刀具寿命和保证切削的稳定性。

五、高速切削加工的刀具系统

1．高速切削加工对刀具系统的要求

（1）较高的系统精度

系统精度包括系统定位夹持精度和刀具重复定位精度，前者指刀具与刀柄、刀柄与机床主轴的连接精度；后者指每次换刀后刀具系统精度的一致性。刀具系统具有较高的系统精度，才能保证高速加工条件下刀具系统应有的静态和动态稳定性。

（2）较高的系统刚度

刀具系统的静刚度、动刚度是影响加工精度及切削性能的重要因素。刀具系统刚度不足会导致刀具系统产生振动，从而降低加工精度，并加剧刀具的磨损，缩短刀具的使用寿命。

（3）较好的动平衡性

高速切削加工条件下，微小质量的不平衡都会造成巨大的离心力，在加工过程中引起机床的剧烈振动。因此，高速切削加工刀具系统的动平衡性非常重要。

2．传统实心长刀柄结构存在的问题

目前，在数控铣床、数控镗床和加工中心上使用的传统刀柄是标准 7:24 锥度实心长刀柄。这种刀柄与机床主轴的连接只是靠锥面定位，主轴端面与刀柄法兰端面间有较大间隙。这种刀柄结构在高速切削条件下会出现下列问题：

（1）刀具动刚度和静刚度低

刀具高速旋转时，由于离心力的作用，主轴锥孔和刀柄均会发生径向膨胀，膨胀量随旋转半径和转速的增大而增大。这就会造成刀柄的膨胀量小于主轴锥孔的膨胀量而出现配合间隙，使得本来只靠锥面结合的低刚性连接的刚度进一步

降低。

（2）动平衡性差

标准 7∶24 锥柄较长，很难实现全长无间隙配合，一般只要求配合前段 70% 以上接触，而后段往往会有一定间隙。该间隙会引起刀具的径向圆跳动，影响刀具系统的动平衡。

（3）重复定位精度低

当采用 ATC（Automatic Tool Changing，自动换刀）方式安装刀具时，由于锥度部分较长，难以保证每次换刀后刀柄与主轴锥孔结合的一致性。同时，长刀柄也限制了换刀过程的高速化。

3.　高速切削加工用刀柄的选用

高速切削加工中，正确选用与高速运转的主轴相配合的刀柄是关键环节之一。机床主轴的高速运转如果没有合适的刀具、刀柄相配合，则会损坏机床主轴的精密轴承，缩短机床的使用寿命。因此，在确定采用高速切削加工时，应能在种类繁多的刀柄系统中正确选择适合高速切削加工用的刀柄系统。

下面简单介绍适合高速切削加工的刀柄系统。

（1）ER 弹性夹套

ER 弹性夹套是当前较流行的。由于其性价比较高，在欧美及我国市场被广泛认同。尽管其价格高于 PG/TG 弹性夹套，但因其精度高，所以适用于高速切削加工。该系统的优点是同轴度精度较高、有相对小的本体直径、夹紧力大、需要一个平衡的螺纹连接系统、有不同类型的密封圈。

（2）热缩式刀柄

热缩式刀柄采用了新的技术和设计。尽管它对所夹持的刀具有一定的要求，并需特殊的设备，但它具备了以下特点：同轴度精度较高、有相对小的本体直径、离心力小、材质均匀、夹紧力大、动平衡性很好、本体经热处理、有加热系统。但适用的直径范围小，刀具装卸费时。

（3）强力铣夹刀柄

强力铣夹刀柄大多适用于夹持大直径刀具，主要优点是同轴度精度高、夹紧力大。

（4）高精度 HP 夹套

高精度 HP 夹套采用了新的技术和设计。尽管与 ER 弹性夹套相似，但夹紧方式是通过定位而不是螺纹连接，其精度可提高 3 倍，其价格比液压夹套低。该夹套的主要优点是同轴度精度高、夹紧力大、本体直径小、易于清洗、离心力小、易进行动平衡。

（5）液压刀柄

液压刀柄采用了新的技术和设计。由于采用了液压技术，所以装卸方便，定位准确。其优点是同轴度精度高、本体直径小、易于清洗、离心力小。

 操作技能

一、新型刀具/刀柄系统 CoroMill ® 300 应用实例

CoroMill ® 300 圆刀片铣刀是由 SANDVIK COROMANT 公司设计生产的一种通用型、高效、高速铣削刀具，除了能满足常规的平面、槽、轮廓加工，还能进行曲面轮廓的仿形加工、深腔深槽的插铣、螺旋或坡走铣等复杂加工。

1. 刀具主要加工参数选择

由于刀具直径和切削范围不同，CoroMill ® 300 有立铣刀和面铣刀两种形式，如图 1—33 所示，可以看到丰富的刀柄接口形式保证了此刀具具有通用性和高效性。在实际选用刀具时还要根据刀柄上的编码来识别刀具的使用方法和所需的配套元件。

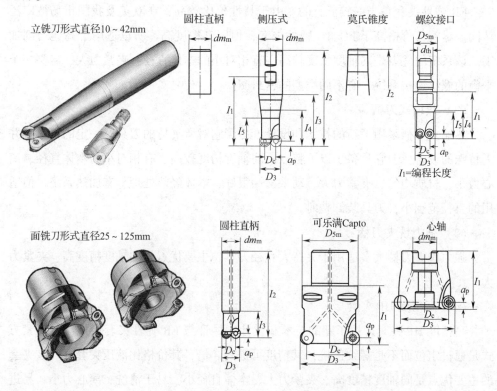

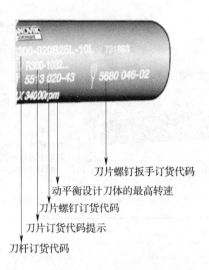

图 1—33 CoroMill ® 300 的样式及规格参数

CoroMill ® 300 圆刀片的样式非常多样化，几乎包括所有针对常见合金材料的从粗加工到精加工的各种刀片。如图 1—34 所示为 CoroMill ® 300 刀片槽形的代号及使用场合。

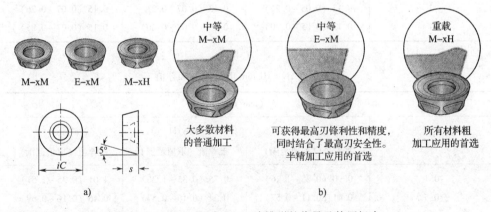

图 1—34 CoroMill ® 300 刀片槽形的代号及使用场合

选择 CoroMill ® 300 刀片切深（a_p、a_e）时需要考虑其与进给量 f_z 的关系，如图 1—35 所示，可以给出某一具体直径刀片（如图中 $iC = 8$ mm 和 $iC = 10$ mm）的切削深度和进给量推荐值。根据刀片尺寸，实际使用时最大切深 a_p 通常在 0.3 ~ 4 mm 之间，在精铣、半精铣加工时最佳切深通常取 0.3 ~ 0.5 mm。

2. 圆刀片铣刀切削参数的计算

圆刀片铣刀模型如图 1—36 所示。

47

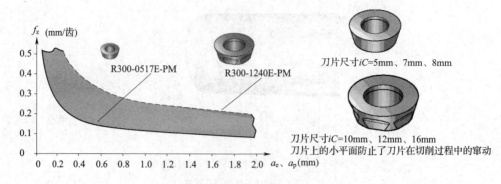

刀片尺寸 $iC = 8$ mm 的进给量推荐值

a_p （mm）	f_z （mm/齿）		
	E – xM	M – xM	M – xH
	推荐值（取值范围）	推荐值（取值范围）	推荐值（取值范围）
0.1	0.59（0.23～0.90）	0.59（0.32～0.90）	0.68（0.32～1.13）
0.5	0.27（0.10～0.41）	0.27（0.14～0.41）	0.31（0.14～0.52）
1	0.20（0.08～0.30）	0.20（0.11～0.30	0.23（0.11～0.38）
1.5	0.17（0.06～0.26）	0.17（0.09～0.26）	0.19（0.09～0.32）
2	0.15（0.06～0.23）	0.15（0.08～0.23）	0.17（0.06～0.29）
3	0.13（0.05～0.21）	0.13（0.07～0.21）	0.15（0.07～0.26）
4	0.13（0.05～0.20）	0.13（0.07～0.20）	0.15（0.07～0.25）

刀片尺寸 $iC = 10$ mm 的进给量推荐值

a_p （mm）	f_z （mm/齿）		
	E – xM	M – xM	M – xH
	推荐值（取值范围）	推荐值（取值范围）	推荐值（取值范围）
0.1	0.90（0.25～1.26）	0.75（0.35～1.26）	1.01（0.35～1.51）
0.5	0.41（0.11～0.57）	0.34（0.16～0.57）	0.46（0.16～0.69）
1	0.30（0.08～0.42）	0.25（0.12～0.42）	0.33（0.12～0.50）
1.5	0.25（0.07～0.35）	0.21（0.10～0.35）	0.28（0.10～0.42）
2	0.23（0.06～0.31）	0.19（0.09～0.31）	0.25（0.09～0.38）
3	0.20（0.05～0.27）	0.16（0.08～0.27）	0.22（0.08～0.33）
4	0.18（0.05～0.26）	0.15（0.07～0.26）	0.20（0.07～0.31）
5	0.18（0.05～0.25）	0.15（0.07～0.25）	0.20（0.07～0.30）

图 1—35　CoroMill ® 300 刀片进给量与切深的关系

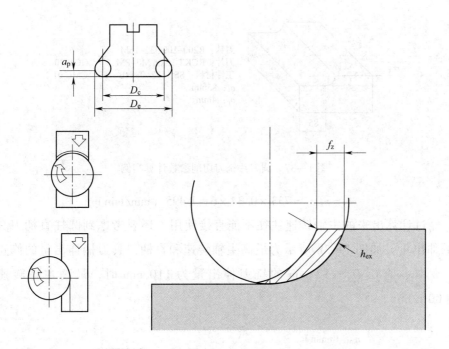

图 1—36 圆刀片铣刀模型

在指定深度时的最大切削直径（mm）

$$D_e = D_c + \sqrt{iC^2 - (iC - 2a_p)^2}$$

每齿进给量（mm/齿），刀具中置时

$$f_z = \frac{iC \times h_{ex}}{D_e - D_c}$$

侧铣时

$$f_z = \frac{D_e \times iC \times h_{ex}}{(D_e - D_e)\sqrt{D_e^2 - (D_e - 2a_e)^2}}$$

如图 1—37 所示为得到 v_c 值，应首先查出 PM 槽形的 h_{ex} 值。对应于 $h_{ex} = 0.17$ mm 的切削速度 v_c 为 283 m/min。

计算主轴转速（n）：

$$D_e = D_c + \sqrt{iC^2 - (iC - 2a_p)^2} = 109 + \sqrt{16^2 - (16 - 2 \times 4)^2} \approx 123 \ (\text{mm})$$

$$n = \frac{1\,000 v_c}{\pi D_e} = \frac{1\,000 \times 283}{\pi \times 123} \approx 733 \ (\text{r/min})$$

计算工作台进给速度 v_f

$$f_z = \frac{h_{ex}}{\sin \kappa_r} = \frac{0.17}{\sin 30°} = 0.34 \ (\text{mm/齿})$$

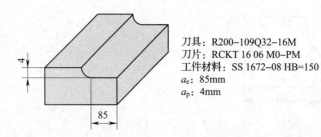

图1—37　圆刀片铣刀切削参数计算实例

$$v_f = nf_z z_n = 733 \times 0.34 \times 6 \approx 1\,495 \;（mm/min）$$

经过计算出来的主轴转速往往不能直接使用，还要考虑到圆柱直柄刀具刀柄的伸出量，如图1—38所示为最高主轴转速和直柄刀具刀柄伸出量的修正关系。例如，直径 $D_3 = 12$ mm 的铣刀伸出量为110 mm时，最高主轴转速为16 000 r/min。

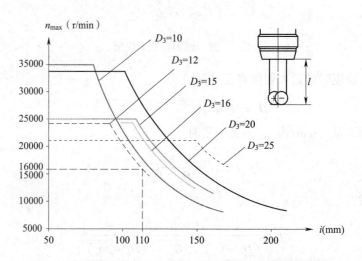

图1—38　最高主轴转速和直柄刀具刀柄伸出量的修正关系

3. 曲面高速铣削时的刀具选择

经过研发商的试验和大量用户的使用经验证明：使用圆刀片粗铣和半精铣可以获得相对均匀和稳定的加工余量，轻型切削圆刀片适用于面铣、仿形铣，以及通过坡走铣和螺旋插补铣进行的模具零件的型腔、型芯加工，在高速进给的同时仍可获得最佳表面质量，如果和 HSK 或 Corogrip 液压夹头结合使用，可以用于高速铣削加工。如图1—39所示为一种推荐的曲面高速铣削加工时的配刀方案，CoroMill ® 300 主要用于精加工或半精加工。

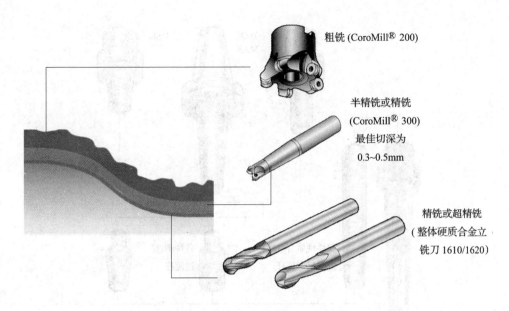

粗铣 (CoroMill® 200)

半精铣或精铣
(CoroMill® 300)
最佳切深为
0.3~0.5mm

精铣或超精铣
（整体硬质合金立
铣刀 1610/1620）

图1—39　一种推荐的配刀方案

CoroMill ® 300 刀具系统的金属去除率高，对大多数材料都具有平滑的切削作用，刀柄用淬硬钢加工而成，公差小，强度高，如果合理运用齿距和刀片的各种推荐选项，即使在性能较差的机床上或不稳定工况下，也可考虑选用大进给量。

CoroMill ® 300 刀具和刀柄的配合也有多种选择（见图1—40），这样就能保证适用于多种机床主轴系统，并具有接杆加长的功能。

当需要经常调整刀柄长度而选用圆柱柄 300 铣刀时，强力液压夹头 CoroGrip 是夹持圆柱柄立铣刀的最佳选择，特别适合直径在 25 mm 以上的铣刀杆。例如，ϕ32 mm刀杆可以产生 1 200 N · m 的夹持力，同时刀杆端部径向圆跳动误差在 2 μm以下，可以保证高转速时的刀片寿命，特别是 8 000 r/min 以上时 CoroGrip 是优先推荐的刀柄。

侧压式夹持是非常稳固的夹持方式，而且刀柄与刀杆的价格便宜，但是刀柄的悬伸部分无法调整。弹簧夹头适合夹持直径在 25 mm 以下的立铣刀做中低速铣削。

4. 其他加工方式

（1）坡走铣与螺旋插补铣（见图1—41）

图 1—40　与 CoroMill ®300 刀具配合的刀柄

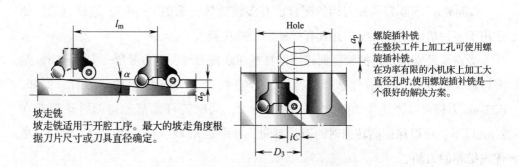

螺旋插补铣
在整块工件上加工孔可使用螺旋插补铣。
在功率有限的小机床上加工大直径孔时，使用螺旋插补铣是一个很好的解决方案。

坡走铣
坡走铣适用于开腔工序。最大的坡走角度根据刀片尺寸或刀具直径确定。

图 1—41　坡走铣与螺旋插补铣

　　坡走铣适用于型腔的粗加工，最大坡走角 α 根据刀片尺寸和直径来确定，表 1—2 为最大坡走角 α 和走刀步长 l_m 的推荐值（最小值、中间值、最大值），供编程时参考。表 1—3 为具有螺纹接口的 CoroMill ®300 立铣刀坡走铣和螺旋铣的推荐参数。

表 1—2　　　　　　　　　　最大坡走角 α 和走刀步长 l_m 的推荐值

刀片 D_3 (mm)	8 mm					10 mm					12 mm					16 mm				
	$\alpha(°)$	l_m	min	Flat	max	$\alpha(°)$	l_m	min	Flat	max	$\alpha(°)$	l_m	min	Flat	max	$\alpha(°)$	l_m	min	Flat	max
25	8.0	28.5	36.4	42.0	49.0	13.5	20.8	32.4	40.0	49.0										
32	5.0	45.7	50.4	56.0	63.0	7.5	38.0	46.4	54.0	63.0	12.0	28.2	42.6	52.0	63.0					
34											11.5	29.5	46.6	56.0	67.0					
35	4.0	57.2	56.4	62.0	69.0	6.5	43.9	52.4	60.0	69.0	10.5	32.4	48.6	58.0	69.0					
40	3.5	65.4	66.4	72.0	79.0	5.0	57.2	62.4	70.0	79.0	8.0	42.7	58.6	68.0	79.0					
42	3.0	76.3	70.4	76.0	83.0	4.5	63.5	66.4	74.0	83.0	7.5	45.6	62.6	72.0	83.0					
50	2.5	91.6	86.4	92.0	99.0						5.5	62.3	78.6	88.0	99.0					
52	2.0	114.5	90.4	96.0	103.0						5.0	68.6	82.6	92.0	103.0	7.0	65.2	75.6	88.0	103.0
63	1.5	152.8	112.4	118.0	125.0						3.5	98.1	104.6	114.0	125.0	5.0	91.4	97.6	110.0	125.0
66	1.5	152.8	118.4	124.0	131.0						3.5	98.1	110.6	120.0	131.0	4.5	101.6	103.6	116.0	131.0
80	1.0	229.2	146.4	152.0	159.0						2.5	137.4	138.6	148.0	159.0	3.5	130.8	131.6	144.0	159.0
100																2.5	183.2	171.6	184.0	199.0
125																1.5	305.5	221.6	234.0	249.0

表 1—3　具有螺纹接口的 CoroMill® 300 立铣刀坡走铣和螺旋铣的推荐参数

直径 D_3 (mm)	$iC = 10\ mm - a_p \leqslant 5\ mm$				$iC = 12\ mm - a_p \leqslant 6\ mm$			
	最大坡走角 α (°)	最小走刀步长 l_m (mm)	孔径 (mm)		最大坡走角 α (°)	最小走刀步长 l_m (mm)	孔径 (mm)	
			最小	最大			最小	最大
32	12.0	23.5	47	63	20.0	16.5	46	63
34	10.3	27.5	51	67	16.9	19.7	50	67
40	8.3	34.3	63	79	13.2	25.6	62	79
42	7.7	37.0	67	83	12.1	28.0	66	83

（2）插铣加工

对于型腔深度为刀具直径 D_3 的 5～10 倍及以上时，可考虑采用插铣加工，如图 1—42 所示。

使用圆刀片插铣时，径向切削深度 a_e 达刀片直径 iC 的 80% 左右可获得良好的切削效果，这时加工状况比较稳定。

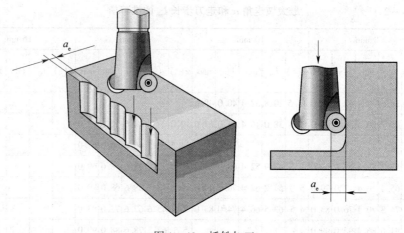

图1—42 插铣加工

5. 使用 CoroMill®300 的注意事项

使用 CoroMill®300 高速加工时，一定要保证小的 a_p，一般取刀片名义直径 iC 的 5% ~ 15%，否则会出现刀具振动现象，如图1—43所示。

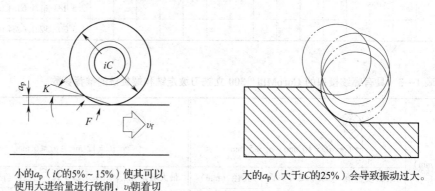

小的 a_p（iC 的 5% ~ 15%）使其可以使用大进给量进行铣削，v_f 朝着切削力方向。

大的 a_p（大于 iC 的 25%）会导致振动过大。

图1—43 CoroMill®300 高速加工时采用的小切深

CoroMill®300 一旦发生撞刀后的处理步骤如下：

（1）发生撞刀以后，除了更换刀片外，还要更换破碎刀片的固定螺钉。

（2）将刀片槽部位的毛刺轻轻研平。

（3）安装新刀片，注意拧紧刀片时偏心力的存在，刀片偏心自定位，安装刀片快速准确，在刀片被最后拧紧之前 1/4 圈会感到有偏心阻力，由于刀片螺钉相对小巧精密，使用力矩扳手可以延长螺钉的使用寿命。

（4）用杠杆式千分表或者对刀仪测量此刀片安装后与零位刀片的轴向和径向圆跳动误差。

二、注意事项

1. 高速铣削刀具的安全使用条件

由于高速铣削对刀具刀柄要求较高，在购置高速铣削刀具时必须选择经过动平衡测试的刀具。对没有把握的刀具刀柄一定要经过高速动平衡仪测试出真实数据，方可用于产品加工。

由于在高速环境下其刀具直径和长度比与静态条件下有所差别，采用激光机内对刀仪可有效解决数控编程的刀具工艺参数的确定问题，因此，在购置高速铣削机床时配置激光机内对刀仪是不应少的选项，尤其在进行高精度产品的铣削加工时更能体现其优势。

另外，考虑到高速切削的安全性，在进行工件加工时一定要注意加工防护，如 $\phi40$ mm 刀具，主轴转速达到 30 000 r/min，其弹出的速度可达到 63 m/s，接近于 230 km/h 的汽车速度，切削过程中如刀具折断后甩出，势必有较大的冲击动量，高速切削机床需有防弹钢化玻璃护罩。

由于 HSK 刀柄非常精密，所以，主轴刀孔磨损造成的危害比传统的 7:24 锥柄要严重，机床操作者需要格外细心地注意主轴刀孔内表面的清洗问题，几乎每安装一把新刀，操作者都要检查刀柄与主轴锥孔接合面有没有切屑或其他污物，因为它们会破坏刀具夹持的精度和稳固性。

2. 高速铣削刀具材料选择

高速铣削时应针对相应的材料选择合适的刀具材料。常用的刀具材料有硬质合金、涂层硬质合金、金属陶瓷、立方氮化硼（CBN）和聚晶金刚石（PCD）等。高速切削钢材时，刀具材料应选用热硬性和疲劳强度高的 P 类硬质合金、涂层硬质合金、立方氮化硼（CBN）与 CBN 复合刀具材料（WBN）等。切削铸铁时，应选用细晶粒的 K 类硬质合金刀具进行粗加工，选用复合氮化硅陶瓷或聚晶立方氮化硼（PCNB）复合刀具进行精加工。精密加工有色金属或非金属材料时，应选用聚晶金刚石（PCD）或 CVD 金刚石涂层刀具。

第二章

数控编程

第一节 手工编程

 **学习目标**

➤能够编制典型专用宏程序。

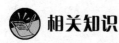 **相关知识**

一、参数化变量编程的应用范围

参数化变量编程在加工中心上主要应用于以下三个方面。

1. 零件族的加工

绝大多数机械零件都是批量生产，在保证质量的前提下要求最大限度地提高加工效率以降低生产成本，一个零件哪怕仅仅节省一秒钟，成百上千个同样的零件合计起来节省的时间就非常可观了。另外，批量零件在加工的几何尺寸精度和形状、位置精度方面都要求保证高度一致，而程序优化是加工工艺优化的主要手段，这就要求操作者能够非常方便地调整程序中的各项加工参数（如刀具尺寸、刀具补偿值、层降、步距、计算精度、进给速度等），显然，变量编程和宏程序在这方面具有强大的优越性，只要能用宏程序来表述，操作者就根本无须触动程序本身，而只需针对各项加工参数所对应的自变量赋值做出个别调整，就能迅速地将程序调整到最优化状态，这就体现出参数化变量编程的一个突出优点，即可以针对零件族加工。

而且，程序员常通过修改已有程序来编写新程序，遇到这种情况，使用参数化变量编程技术会更加方便。例如，结构相似的销孔的加工、槽和螺纹的铣削加工、槽的车削加工、同一条中心线上台阶孔的钻削加工等都是参数化变量编程应用最广泛的加工方式。

2. 复杂形状零件的加工

大部分机械结构零件的形状主要是由各种凸台、凹槽、圆孔、斜面、回转面等组成的，不规则的复杂曲面较少，构成的几何因素无外乎点、直线、圆弧，最多加上各种二次圆锥曲线（椭圆、抛物线、双曲线），以及渐开线（常应用于齿轮及凸轮等），所有这些都是基于三角函数、解析几何的应用，而数学上都可以用三角函数表达式及参数方程加以表述，因此，参数化变量编程在此有广泛的应用空间，可以发挥其强大的作用。

参数化变量编程技术可应用于复杂形状零件加工程序的编写。参数化变量编程技术可以在程序中进行算术运算及逻辑运算，对于工件的几何形状几乎没有限制，只要能用方程式或多项式描述的轮廓就能利用参数化变量编程技术将加工程序编写出来，运行该程序就能把需要的几何形状和尺寸加工出来。例如，球体、锥体、棱柱等都可应用参数化程序来加工。

机械零件还有一些很特殊的要求，即使采用 CAD/CAM 软件也不一定能轻易地解决，例如，变螺距螺纹的加工、用螺旋插补进行圆锥螺纹的加工和钻深可变式深孔钻的加工等，而在这些方面变量编程可以发挥它的优势。

3. 管理及控制机床辅助设备

数控加工中心常配备一些辅助设备，如测头、在线测量设备、加工后测量设备及刀具管理系统等，可用参数化程序作为软件控制这些硬件辅助设备。

二、变量编程和 CAD/CAM 编程的对比

尽管使用各种 CAD/CAM 软件来编制数控加工程序已经成为主流，但是手工编程还是加工的基础，加上变量编程和宏程序的运用，其最大特点就是将有规律的形状或尺寸用最短的程序段表示出来，具有极好的易读性和易修改性，编写出的程序非常简洁，逻辑严密，通用性极强，而且机床在执行此类程序时，比执行 CAD/CAM 软件生成的程序更快捷，反应更迅速。随着技术的发展，自动编程会逐渐取代手工编程，但宏程序的运用是绝对不能放弃的。宏程序具有较强的灵活性、通用性，例如，对于规则曲面的编程来说，使用 CAD/CAM 软件编程一般都具有程序庞

大、加工参数不易修改等缺点，只要任何一个加工参数发生变化，再智能的软件也要根据变化后的加工参数重新计算刀具轨迹，尽管用软件计算刀具轨迹的速度非常快，但始终是个比较麻烦的过程。而宏程序则注重把机床功能参数与编程语言结合，而且灵活的参数设置使机床具有最佳的工作性能，同时也给予操作工人极大的自由调整空间。编程人员只需要根据零件几何信息和不同的数学模型即可完成相应的模块化加工程序设计，应用时只需要把零件信息、加工参数等输入相应模块的调用语句中，就能使编程人员从烦琐的、大量重复性的编程工作中解脱出来。另外，由于宏程序基本上包含了所有的加工信息（如所使用刀具的几何尺寸等），而且非常简明、直观，通过简单的存储和调用，就可以很方便地重现当时的加工状态，给周期性的生产特别是不定期的间隔式生产带来了极大的便利。

早期的普通数控系统都具有内存容量小的特征，但大多都提供用户宏程序的功能。使用用户宏程序可以有效地处理比较规则的曲面、圆角、型腔和外形轮廓等加工特征。使用宏程序时，要求思路清晰，语法正确。一般的数控系统提供的宏程序功能由条件判断语句、逻辑运算、算术运算、循环控制语句、系统变量及用户变量设置等组成。

以图 2—1 所示的某产品上部圆角的加工为例，如果采用圆柱铣刀或球头刀以直线拟合的方式进行加工，采用 CAD/CAM 软件编制此圆角曲面的数控程序，程序代码的容量是传统数控机床所无法容纳的，若采用 DNC 加工，则存在数据丢失的风险。如果以手工编程方式利用宏程序功能，采用圆柱立铣刀的刀角或球头刀进行

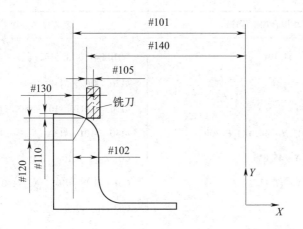

图 2—1 某产品上部圆角的加工

该圆角曲面的圆弧插补加工，则程序变得简洁、短小，两种编程结果对比见表 2—1。从表中可以看出，由 CAD/CAM 软件编制的程序容量比宏程序的容量大得多。如采用相同的加工插补精度，宏程序只需通过用户变量#110 来调节 Z 轴每层的加工深度，即可满足加工精度要求。而以直线拟合加工方式提高精度时，程序容量可能成倍增加，传统数控机床的容量更难以满足生产要求。同时，该程序通过调节用户变量#110 可满足粗加工、半精加工和精加工要求，比用 CAD/CAM 软件编制出的数控程序适应性更好。

表 2—1   CAD/CAM 编程和变量编程结果对比

直线拟合加工程序	宏程序循环加工程序
%08004	%08005
N102 G0 G17 G40 G49 G80 G90	#101 =75.5（最大外圆半径）
N104 T1 M6	#102 =10.5（圆角半径）
N106 G0 X－48.46 Y－48.4 S5000 M3	#105 =8（刀具半径补偿）
N108 G43 H1 Z50.	G0 G17 G40 G49 G80 G90
N110 Z49.8	T1 M6
N112 G1 Z39.8 F100	G0 G90 X40. Y0. S2000 M3
N114 X－46.395 Y－50.391 F1200	G43 H1 Z50.
N116 X44.203 Y－52.325	#110 =0.（Z 轴步距）

直线拟合加工程序	宏程序循环加工程序
N118 X41. 893 Y – 54. 191	WHILE#110 LE #102
……	#120 = #102 – #110
N7160 Z29. 7 F100.	#130 = SQRT［#102 * #102 – #120 * #120］
N7162 X – 40. 641 Y – 44. 141 F1200	#140 = #101 – #130 （固定层半径）
N7164 X – 38. 72 Y – 45. 835	G01 Z［ – #110］F300
N7166 X 36. 697 Y – 47. 47	G01 G41 D［#105］X［#140］
……	G02 I［ – #140］
N7484 X – 45. 779 Y – 38. 786	G00 G40 X40.
N7486 X – 44. 17 Y – 40. 609	#110 = #110 + 0. 2
N7488 X – 42. 457 Y – 42. 396	ENDW
N7490 G0 Z39. 7	G00 Z50. M5
N7492 Z50	G91 G28 Z0.
N7494 M5	G28 X0. Y0.
N7496 G91 G28 Z0.	M30
N7498 G28 X0. Y0.	
N7500 M30	%
%	

三、SINUMERIK 参数编程与语句控制

以西门子 SINUMERIK 802D 为例，在此数控系统中，为用户提供了一种名为"计算参数"的用户变量，变量名规定以英文字母 R 开头，其后跟随 1~2 位正整数，范围从 R0 到 R99，所以"计算参数"也称"R 参数"。它们实际上是一种类型为实型数据的全局公共变量。此种变量专门供系统的用户随意支配，R 参数为编程人员提供了更加灵活的编程手段。SINUMERIK 802D 数控系统至少为用户提供了100 个这种用户专用的变量。

另外，用户最多还可以自定义 200 个用户局部变量（LUD），例如，DEF BOOL MVAR1、DEF CHARMVAR2、DEF INTMVAR3、DEF REALMVAR4 等，每种类型变

量的定义须占用一个单独的程序段。另外，高级的 SINUMERIK 系统可为用户提供 300 个可供自由支配的实型公共变量（R0~R299）。

1. 计算参数 R

要使一个 NC 程序易于修改以适合多次加工，可以考虑使用计算参数 R 编程，用户可以在程序运行时由控制器计算或设定所需要的数值，也可以通过机床操作面板来设定参数 R 的数值。参数一经赋值，则它们可以在程序中对变量地址进行赋值。

R 变量范围：R0~R299

R 赋值：可以在 ± （0.000 0001~9999 9999）数值范围内给计算参数 R 赋值，最多 8 位（不包括符号和小数点）。在取整数值时可以省略小数点，正号可以一直省去，例如，R0 = 3.567、R1 = −37.345、R2 = 2、R3 = −7、R4 = −4567.1234。用指数表示法可以赋值更大的数值范围 ± （$10^{-300} \sim 10^{+300}$）。指数值写在 EX 符号之后，最大位数为 10（包括符号和小数点），例如：

R0 = −0.1EX−6 相当于 R0 = −0.000 0001；

R1 = 1.874EX8 相当于 R1 = 187 400 000。

一个程序段中可以有多个赋值语句，也可以用计算表达式赋值。

通过给其他的 NC 地址分配计算参数或参数表达式，可以增加 NC 程序的通用性。可以用数值、算术表达式或 R 参数对任意 NC 地址赋值，但地址 N、G 和 L 例外。赋值时在地址符之后写入符号 “ = ”，赋值语句也可以赋值一负值，给坐标轴地址赋值时，要求有一独立的程序段，例如，“N10 G0 X = R2；”给 *X* 轴赋值。

西门子系统的算术逻辑运算采用直接输入运算公式的方式实现，在计算参数时也遵循通常的数学运算规则，圆括号内的运算优先进行。另外，乘法和除法运算优先于加法和减法运算。角度计算单位为度。表 2—2 为 R 参数编程举例。

表 2—2 　　　　　　　　　　　　 R 参数编程举例

程序段	说明
N10 R1 = R1 + 1	由原来的 R1 加上 1 后得到新的 R1
N20 R1 = R2 + R3 R4 = R5 − R6 R7 = R8 * R9 R10 = R11/R12	参数的加减乘除
N30 R13 = SIN （25.3）	R13 等于 25.3°的正弦值
N40 R14 = R1 * R2 + R3	乘法和除法运算优先于加法和减法运算
N50 R14 = R3 + R2 * R1	
N60 R15 = SQRT （R1 * R1 + R2 * R2）	R15 = $\sqrt{R1^2 + R2^2}$

2. 局部用户变量 LUD

用户编程人员可以在程序中定义自己的不同数据类型的变量（LUD）。对于 SINUMERIK 802D，可最多定义 200 个 LUD。这些变量只出现在定义它们的程序中，在程序的开头定义且可以为它们赋值。用户可以定义变量名称，命名时应遵守以下规则：起始的两个字符必须是字母，其他字符可以是字母、下划线或数字；系统中已经使用的名字不能再使用（如 NC 地址、关键字、程序名、子程序名等）。

定义 LUD 变量的数据类型包括布尔（BOOL）、字符串（CHAR）、整型（INT）和实型（REAL），每段程序只能定义一种变量类型，但是，在同一程序段中可以定义具有相同类型的几个变量，例如：

DEF INT PVAR1，PVAR2，PVAR3 = 12，PVAR4；定义了 4 个 INT 类型的变量，分别是 PVAR1、PVAR2、PVAR3、PVAR4

除了单个变量，还可以定义这些数据类型变量的一维或二维数组变量，例如：

DEF INT PVAR5 [n]；定义 INT 类型的一维数组变量 PVAR5，n 为整数。

DEF INT PVAR6 [n，m]；定义 INT 类型的二维数组变量 PVAR6，n、m 为整数。

西门子系统的这一功能使其编程方式更加接近于高级语言的编程，使程序的灵活性大大增加。

3. 程序跳转语句

（1）标记符

标记符用于标记程序中所跳转的目标程序段，用跳转功能可以实现程序运行分支。标记符可以自由选取，但必须由 2~8 个字母或数字组成，其中开始两个符号必须是字母或下划线。跳转目标程序段中标记符后面必须为冒号。标记符位于程序段段首，如果程序段有段号，则标记符紧跟着段号。在一个程序中，标记符不能有其他含义。

例如：N10 MARKE1：G1 X20；MARKE1 为标记符，跳转目标程序段有段号

......

TR789：G0 X10 Z20；TR789 为标记符，跳转目标程序段没有段号

（2）跳转语句

NC 程序在运行时以写入时的顺序执行程序段，在运行时可以通过插入程序

跳转指令改变执行顺序，跳转目标只能是有标记符的程序段，此程序段必须位于该程序之内。绝对跳转指令必须占用一个独立的程序段。

格式：GOTOF Label；向前跳转（程序结束方向），Label 为标记符

　　　 GOTOB Label；向后跳转（程序开始方向），Label 为标记符

编程举例：

N10 G0 X ＿ Z ＿；

……

N20 GOTOF MARKE0；向前跳转到标记符 MARKE0 所在的程序段

……

N50 MARKE0：R1 = R2 + R3；

……

（3）有条件跳转

用 IF 条件语句表示有条件跳转，即如果满足跳转条件则进行跳转。跳转目标只能是有标记符的程序段，此程序段必须位于该程序之内。有条件跳转指令要求占用一个独立的程序段。

格式：IF < 条件 > GOTOF Label；向前跳转（程序结束方向），Label 为标记符

　　　 IF < 条件 > GOTOB Label；向后跳转（程序开始方向），Label 为标记符

其中，< 条件 > 为作为条件的计算参数或计算表达式。

比较运算结果有两种，一种为"满足"，一种为"不满足"。"满足"时跳转到标记符所在程序段，"不满足"时不执行跳转。

编程举例：

N10 IF R1 = 0 GOTOF MARKE1；R1 等于零时，向前跳转到 MARKE1 程序段

　　……

N100 IF R1 > 1 GOTOF MARKE2；R1 大于 1 时，向前跳转到 MARKE2 程序段

　　……

N1000 IF R45 = R7 + 1 GOTOB MARKE3；R45 等于 R7 加 1 时，向后跳转到 MARKE3 程序段

（4）编程举例

要求使用程序跳转功能，在图 2—2 所示的圆弧上从 P_1 移动到 P_{11}，程序及说明见表 2—3。

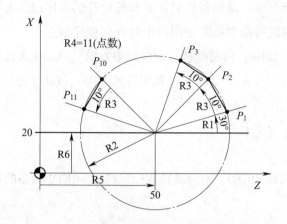

起始角R1:30°
圆弧半径R2:32mm
位置间隔R3:10°
点数R4:11
圆心位置R5:Z=50mm
圆心位置R6:X=20mm

图 2—2 圆弧上点的移动

表 2—3 程序及说明

程序	说明
N10 R1 = 30 R2 = 32 R3 = 10 R4 = 11 R5 = 50 R6 = 20；	在程序段 N10 中给相应的计算参数赋值
N20 MARKE1：G0 Z = R2 * COS（R1）+ R5 X = R2 * SIN（R1）+ R6；	在程序段 N20 中进行坐标 X 和 Z 的数值计算并进行赋值
N30 R1 = R1 + R3 R4 = R4 − 1；	在程序段 N30 中 R1 增加 R3 角度，R4 减小数值1
N40 IF R4 > 0 GOTOB MARKE1；	如果 R4 > 0，则重新执行 N20，否则运行 N50
N50 M2；	

四、SINUMERIK 简化编程

最新的西门子数控系统具有多种简化轨迹计算的编程功能，例如，在直线与圆弧轨迹进行交接的时候，无论是相交还是相切都涉及大量且烦琐的计算，使用下文所述的西门子数控系统所特有的功能指令，则可以极大地简化手工编程过程中人工计算的工作。

1. 圆弧相切指令 CT

利用"CT＋圆弧终点坐标"可以生成以前一轨迹的终点为圆弧起点，并且与该轨迹相切的圆弧，圆心和半径可以由系统自动计算。圆弧与直线相切如图2—3所示。

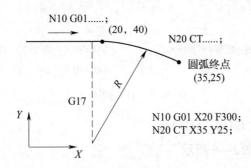

图2—3　圆弧与直线相切

2. 自动倒角功能 CHF、CHR

直线/直线过渡时的自动倒角如图2—4所示。

例如：N10 C01 X ___ CHF ＝ 5；倒角斜边长度为 5 mm

N20 C01 X ___ Y ___；

（若将 CHF ＝ 5 改为 CHR ＝ 5，则倒角直边长度为 5 mm）

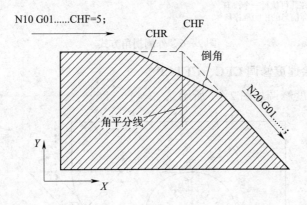

图2—4　直线/直线过渡时的自动倒角

3. 自动倒圆角功能 RND

自动倒圆角如图2—5所示。

65

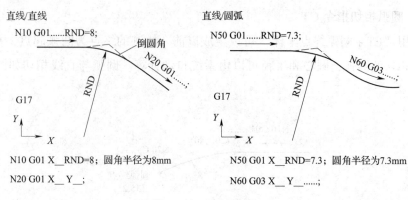

图 2—5　自动倒圆角

4. 外侧拐角方式 G450、G451

外侧拐角方式如图 2—6 所示。

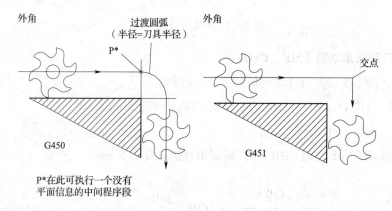

图 2—6　外侧拐角方式

5. 圆弧进给速度修调 CFC、CFTCP

圆弧进给速度修调如图 2—7 所示。

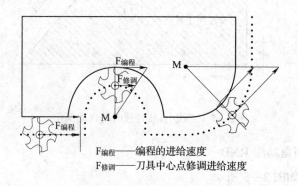

图 2—7　圆弧进给速度修调

目的：根据刀具半径值调整刀具中心轨迹的速度，使刀具边沿与工件之间相对运动的速度保持为编程的 F 值。

N10 G42……；　　　　　　　　开启刀具半径补偿

N20 CFC……；　　　　　　　　开启圆弧进给速度修调

N30 G2 X __ Y __ I __ J __ F350；　进给速度在轮廓处有效

N40 G3 X __ Y __ I __ J __；　进给速度在轮廓处有效

……

N70 CFTCP；　　　　　　　　关闭进给速度修调，编程的进给速度在刀具中心有效

内圆弧加工：

$$F_{修调} = F_{编程} \left(R_{轮廓} - R_{刀具} \right) / R_{轮廓}$$

外圆弧加工：

$$F_{修调} = F_{编程} \left(R_{轮廓} + R_{刀具} \right) / R_{轮廓}$$

 **操作技能**

一、用宏程序编制加工锥度 V 形槽的通用程序

众所周知，一个完整的数控加工过程包括数控程序准备、坐标系设置、刀具参数设置等，这几项工作都是独立进行的，任何一个环节出了问题都将影响正常加工。而宏程序则能够利用其系统变量功能，将坐标系设置、刀具参数设置等工作全部纳入程序中，所有加工信息通过数控程序这个单一的媒介体现出来，这样操作工人就不会顾此失彼、操作失误，从而能集中精力专注于加工，既提高了效率，也降低了风险。同时，因为程序基本上包含了所有的加工信息，通过存储和调用就能方便地、间隔地重现当时的加工状态，给周期性生产特别是不定期的间隔生产带来了极大的便利。

在宏程序变量中#13001 所对应的是 D01，#13002 所对应的是 D02，其他半径补偿地址可以依次推论。如果把一个数值直接赋给#13001，相当于操作工人在刀具参数设置界面输入 D01 值。这样如果以某种规律不断赋给#13001 变化的数值，在同一程序轨迹控制下，即可实现一定规律的断面形状槽加工。这样不但省去了工人频繁地输入刀具半径补偿值，实现了断面为曲线的任意槽或凸台的加工，而且编程也变得简单，加工实现高度自动化。

同理，还可以开发 FANUC 所有的其他系统变量。例如，长度补偿可用#11001

来代替 H01，用#11002 代替 H02，还可用变量#5001 ~ #5008 代替工件坐标系设置。如果这些变量被赋值，将比原来人工设置的参数享有优先权。

例如，铣削图 2—8 所示的锥度 V 形槽的通用程序如下：

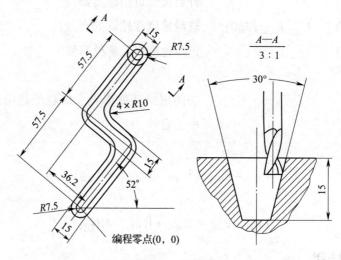

图 2—8　零件图

O001 ;

G90 G00 G54 X0 Y0 ;

G43 Z100 H01 S1000 M03 ;

G65 P02 A0. 5 B6 :　　　　　　　　定义循环进给量 0. 5 mm，所用刀具半径 6 mm

G00 Z100 ;

M30 ;

%

O002 ;

#100 = #1 ;　　　　　　　　　　　首次进给量

M98 P03 ;　　　　　　　　　　　　调用 O003 程序计算半径变化值

N10 G01 Z - #100 F1000 ;

G41 X5. 910 Y - 4. 617 D02 ;　　　新的半径补偿开始

……　　　　　　　　　　　　　　铣外形程序

#100 = #100 + #1 ;　　　　　　　　进给量重复累加

M98 P03 ;　　　　　　　　　　　　计算新的进给量所对应的半径变化量

IF［#100 LE 15］GOTO 10 ;　　　当铣削深度没达到 15 mm 时重复上面的过程

M99；

%

O0003；   计算不同进给量所对应的半径补偿量

#101 = #100 × TAN（15）；

#13002 = #2 + #101；   此时#13002 改变了程序中 D02 的值

M99；

由上述程序可见，只要改变 O0003 程序中第一条、第二条语句的计算关系，即可获得各种断面形状的槽加工程序。

二、四方凸台倒圆角 R 参数编程

1. 概述

在手工编程中，充分运用 R 参数不仅能使程序简单方便，提高加工效率，而且便于修改，占用空间也较少。

如图 2—9 所示，在四方凸台轮廓加工中完成轮廓上沿 R5 mm 圆角的加工。可使用刀具半径值的程序设定功能，利用 SIEMENS 802D 数控系统的 R 参数编写倒圆角加工程序。

假定四方凸台已经完成轮廓加工，仅对上沿轮廓 R5 mm 圆角进行加工。工件坐标系的 X、Y 向工件零点设定在工件对称中心位置，Z 向零点设定在倒角中心平面，指令为 G54。选择刀具为 ϕ8 mm 球头刀，设定刀位点在球头刀的球心。圆角加工路径是从上表面向下进给（见图 2—9 中箭头方向），移动角度 R2 从 90°减至 0°。

2. 编程方法与程序清单

编程中使用 R 参数进行相关数值的设定。

参数 R1 定义为以轮廓边界尺寸为基准的刀具中心线的初始位置。在轮廓线内为负值，在轮廓线外为正值。如图 2—10a 所示，R1 = −5。

当指定刀具中心线初始位置 R1 后，需描述在加工中以轮廓线为基准的刀具中心线位置。本例将刀具中心线与轮廓线的尺寸变化数值设定为变化中的刀具半径补偿值 R6，如图 2—10b 所示，R6 = 移动角度 R2 的余弦值 ×（倒角半径 R3 + 刀具半径 R4）+ 刀具中心线初始位置 R1，即

$$R5 = R3 + R4$$

$$R6 = COS（R2）* R5 + R1$$

参数 R7 表示刀位点在 Z 方向位置的变化值，R7 = 移动角度 R2 的正弦值 ×（倒角半径 R3 + 刀具半径 R4）−（倒角半径 R3 + 刀具半径 R4），即

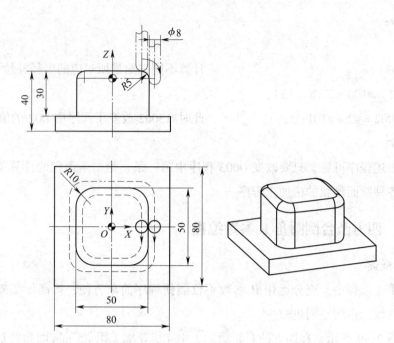

图 2—9　四方凸台倒圆角加工零件图

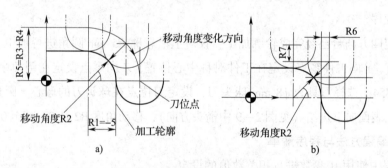

图 2—10　刀具轨迹计算示意图

$$R7 = SIN（R2）* R5 - R5$$

刀补变量（$TC_ DP6 [1，1] = R6）通过不断改变刀具半径补偿值来进行倒圆角加工。

四方凸台倒圆角加工程序见表 2—4。

表 2—4　　　　　　　　　　四方凸台倒圆角加工程序

	程序	说明
	DAOJIAO. MPF	程序名
N10	T1 D1	调用 1 号刀具及刀具参数
N20	G64 CFC	连续路径加工方式，并采用刀具轮廓恒进给速度

续表

程序		说明
N30	G90 G54 G0 X30 Y0 Z50	绝对编程方式，调用 G54 坐标系
N40	S2000 M3	指定工艺参数值
N50	Z15	快速接近工件
N60	G1 Z10 F200	工进至工件上表面
N70	R1 = -5 R2 = 90	R1 为设定的刀具中心线初始位置，R2 为移动角度
N80	R3 = 5 R4 = 4	R3 为倒角半径，R4 为刀具半径
N90	R5 = R3 + R4	R5 为刀具中心的实际加工半径（倒角半径 + 刀具半径）
N100	$ TC_ DP6［1，1］= R1	设定 1 号刀具 1 号刀沿半径补偿值为 R1 的变量
N110	STA:	设置跳转标记
N120	R6 = COS（R2）* R5 + R1	计算加工平面中刀具中心与工件轮廓的位置
N130	R7 = SIN（R2）* R5 - R5	计算 Z 方向上刀位点坐标
N140	$ TC_ DP6［1，1］= R6	设定刀具 1 号刀沿半径补偿值为 R6 的变量
N150	G41 G1 X25 Y0 D1 F350	建立刀具左补偿，每跳转循环一次，激活一次刀补
N160	Z = R7 F200	Z 向进刀至 R7 的计算值位置
N170	Y - 25 RND = 10 F350	轮廓加工并带圆角过渡，半径为 10 mm
N180	X - 25 RND = 10	轮廓加工并带圆角过渡，半径为 10 mm
N190	Y25 RND = 10	轮廓加工并带圆角过渡，半径为 10 mm
N200	X25 RND = 10	轮廓加工并带圆角过渡，半径为 10 mm
N210	Y0	到终点位置
N220	G40 G1 X = IC（R6）	取消刀具半径补偿，非模态增量坐标指令方式
N230	R2 = R2 - 1	进行角度累计运算，每次减少 1°
N240	IF R2 > = 0 GOTOB STA	条件判断，如果 R2 满足条件，则程序回到 STA 标记处
N250	G0 Z100 M5	刀具快速移至 Z100 位置，主轴停止
N260	M30	程序结束

第二节　计算机辅助编程

学习目标

➤ 能够利用计算机高级语言编制特殊曲线轮廓的铣削程序。

➤ 能够利用计算机 CAD/CAM 软件对复杂零件进行实体或曲线/曲面造型。

➤能够编制复杂零件的三轴联动铣削程序。

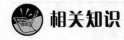 **相关知识**

一、CAD/CAM 软件开发与高级语言编程

虽然目前有许多商业化的 CAD/CAM 软件可在数控加工时用于自动编程，但有些时候，商业化软件的功能或程序算法并不能完全符合需求，这时候就要求用高级语言来编写 CAD/CAM 源程序，如图 2—11 所示为用环形面铣刀加工球体表面的几何模型，其算法是刀具从球底部逐渐升高，保持刀柄方向指向球心，环形刀圆刀片的几何中心为刀位计算点，刀位点绕整圆运动。

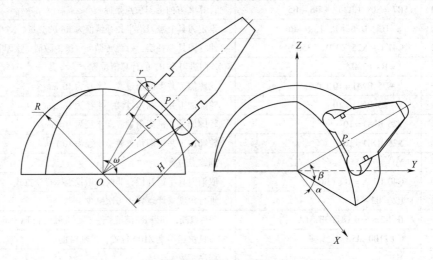

图 2—11　用环形面铣刀加工球体表面的几何模型

采用参数为 r、L 的环形刀（r 为圆刀片半径，L 为圆刀片所构成的圆环的环心直径）加工半径为 R 的半球面。

设定半球球心坐标为 O（0，0，0），环形刀刀心为圆环的几何中心 P，则有

$$\overline{OP} = H$$

$$H = \sqrt{(R+r)^2 - \left(\frac{L}{2}\right)^2}$$

β 方向的最大移动步长为

$$\omega = 2\arcsin\frac{L}{2(R+r)}$$

可以得到 P 点坐标为

$$\begin{cases} X_P = H\cos\beta\cos\alpha \\ Y_P = H\cos\beta\sin\alpha \\ Y_P = H\sin\beta \end{cases}$$

P 点的单位矢量为

$$\begin{cases} i = \dfrac{X_P}{\sqrt{X_P^2 + Y_P^2 + Z_P^2}} \\[4mm] j = \dfrac{Y_P}{\sqrt{X_P^2 + Y_P^2 + Z_P^2}} \\[4mm] k = \dfrac{Z_P}{\sqrt{X_P^2 + Y_P^2 + Z_P^2}} \end{cases}$$

刀具运动路径要求刀柄始终指向球心，从半球底部运动到顶点，分层切削，在 XY 平面内的步距 $\Delta\alpha$ 根据加工要求自定义，层间的步距 $\Delta\beta$ 定义为刀轴中心和球心连线的夹角，刀位点数据（X_p, Y_p, Z_p, i, j, k）可以通过刀位点计算获得，刀位点计算流程图如图 2—12 所示。

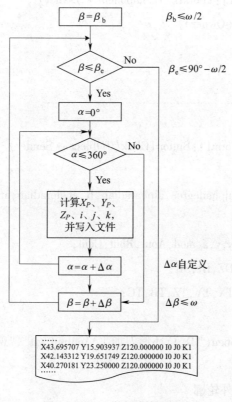

图 2—12　刀位点计算流程图

C++程序的源代码如下：

```
//
#include  < stdio. h >
#include  < math. h >
#include  < vcl. h >
#pragma hdrstop

#include "Unit1. h"
//
#pragma package( smart_init)
#pragma resource " * . dfm"
TForm1  * Form1;
//
_ _fastcall TForm1 : : TForm1( TComponent *  Owner)
        : TForm( Owner)
{
}
//

void_ _fastcall TForm1 : : Button1 Click( TObject  * Sender)
{
        double alphadegree, alpharadian, R, angleradian, anglestart, angleend, an-
gleclimb;
        double x, y, z, mod, Aout, Bout, Cout;
        double DZ, IR, SR;
        double TX, TY, TZ, TB, TC;

        outf = fopen( "D: \\环形刀加工\\output. txt" ,"w + ") ;

        //粗切外轮廓
```

```
for(DZ = 112.5; DZ > = 7.5; DZ - = 5)
{
    if (DZ > = 112.5) IR = 0;
    else IR = sqrt(pow(112.5,2) - pow(DZ,2)) + 15;
    for(SR = IR; SR < 225; SR + = 25)
      {
        for(alphadegree = 0; alphadegree < 360; alphadegree + = 5)
          {
            alpharadian = alphadegree * M_PI / 180;
            x = SR * cos(alpharadian);
            y = SR * sin(alpharadian);
            z = DZ;
            Calculate(x,y,z,0,0,1,&TX,&TY,&TZ,&TC,&TB);
          fprintf(outf," X%f Y%f Z%f B%f C%f\n",TX,TY,
TZ,TB,TC);
          }
      }
}


//切球面
anglestart = 12.1; //刀轴起始β角
R = 106.4811;


//粗加工转向精加工时,使刀具上升,以避免碰撞
angleradian = anglestart * M_PI / 180;
x = R * cos(angleradian);
y = 0;
z = R * sin(angleradian);
mod = sqrt(x * x + y * y + z * z);
Aout = x / mod;//单位化矢量分量
```

```
                    Bout = y / mod;

                    Cout = z / mod;

                    Calculate(x,y,z,Aout,Bout,Cout,&TX,&TY,&TZ,&TC,&TB);

                    fprintf(outf," Z%f\n",TZ + 500);


                    for(angleend = 12.1; angleend < 100; angleend + = 7)
                      {
                            //刀具缓慢爬升
                            for(angleclimb = anglestart; angleclimb < = angleend; angle-
climb + = 0.05)
                              {
                                        angleradian = angleclimb * M_PI / 180;
                                        x = R * cos(angleradian);
                                        y = 0;
                                        z = R * sin(angleradian);
                                        mod = sqrt(x * x + y * y + z * z);
                                        Aout = x / mod;
                                        Bout = y / mod;
                                        Cout = z / mod;

Calculate(x,y,z,Aout,Bout,Cout,&TX,&TY,&TZ,&TC,&TB);
                                        fprintf(outf," X%f   Y%f   Z%f   B%f   C%f\
n",TX,TY,TZ,TB,TC);
                              }
                            //刀具在某一高度上环绕加工
                            angleradian = angleend * M_PI / 180;
                             for(alphadegree = 0; alphadegree < 360; alphadegree + =
0.5)
                              {
```

```
                    alpharadian = alphadegree * M_PI / 180;
                    x = R * cos(angleradian) * cos(alpharadian);
                    y = R * cos(angleradian) * sin(alpharadian);
                    z = R * sin(angleradian);
                    mod = sqrt(x * x + y * y + z * z);
                    Aout = x / mod;
                    Bout = y / mod;
                    Cout = z / mod;


Calculate(x,y,z,Aout,Bout,Cout,&TX,&TY,&TZ,&TC,&TB);
                    fprintf(outf," X%f   Y%f   Z%f   B%f   C%f\n",TX,TY,
TZ,TB,TC);
                    }
               anglestart = angleend;
             }
          fclose(outf);
     }
```

二、UG 编程

UG 编程是指采用西门子公司研发的专业数控加工软件 UG 进行数控机床的加工程序的编制。UG 是面向制造行业、CAD/CAM/CAE 紧密集成的先进工业软件系统，提供了产品设计、分析、仿真、数控程序生成等一整套解决方案。其中 UG CAM 是用于切削加工编程的专业模块。

UG CAM 是以零件的三维主模型为基础，自动计算并生成可靠的刀具轨迹，完成铣削（2.5 轴~5 轴）、车削、线切割等的编程。UG CAM 的最大特点就是生成的刀具轨迹合理、切削负载均匀、适合高速加工。另外，在加工过程中的模型、加工工艺和刀具管理均与主模型相关联，主模型更改设计后，编程只需重新计算即可，所以 UG 编程的效率非常高。

UG CAM 主要由 5 个模块组成，即交互工艺参数输入模块、刀具轨迹生成模块、刀具轨迹编辑模块、三维加工动态仿真模块和后置处理模块，下面对这 5 个模块作简单的介绍。

1. 交互工艺参数输入模块

通过人机交互的方式，用对话框和过程向导的形式输入刀具、夹具、编程原点、毛坯和零件等的工艺参数。

2. 刀具轨迹生成模块

具有非常丰富的刀具轨迹生成方法，主要包括铣削（2.5 轴～5 轴）、车削、线切割等加工方法。

3. 刀具轨迹编辑模块

刀具轨迹编辑模块可用于观察刀具的运动轨迹，并提供延伸、缩短和修改刀具轨迹的功能。同时，能够通过控制图形和文本的信息编辑刀轨。

4. 三维加工动态仿真模块

三维加工动态仿真是一种无须利用机床、成本低、高效率的测试 NC 加工的方法，可以检验刀具与零件、夹具是否发生碰撞、过切以及加工余量分布等情况，以便在编程过程中及时解决。

5. 后置处理模块

包括一个通用的后置处理器（GPM），用户可以方便地建立用户定制的后置处理。通过使用加工数据文件生成器，由一系列交互选项提示用户选择定义特定机床和控制器特性的参数，包括控制器和机床规格与类型、插补方式、标准循环等。

 **操作技能**

应用 UG 进行铣削加工编程的实例

1. 零件的建模

待加工的零件图如图 2—13 所示。

（1）打开 UG NX4 软件，在标准工具条中单击"新建"按钮，弹出"新建部件文件"对话框，接着在"文件名"文本框中输入将要建立的文件名（如 base_part），只准用字母、数字建立文件夹和文件名，不能用中文，单位选"毫米"，并单击"OK"按钮，出现标准界面，然后在应用程序工具条中单击"建模"按钮，进入三维建模界面。

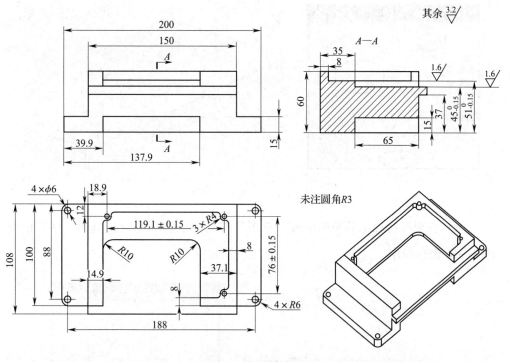

图 2—13 零件图

（2）在成形特征工具条中单击"草图"按钮，接着在悬浮工具条中单击"XC－YC"按钮，单击"确定"按钮，出现二维草图模组界面，然后绘制如图 2—14 所示草图。图中的尺寸标注时可以在主菜单命令"首选项"—"草图"下，打开"草图首选项"对话框，将"尺寸标签"选项改为"值"，即不显示参数表达式。

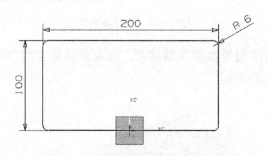

图 2—14 在 XC－YC 基准面上的草图

在"草图"工具条中单击"完成草图"按钮 ，返回三维建模界面。

（3）在成形特征工具条中单击"拉伸"按钮 ，弹出"拉伸"对话框，然后根据图 2—15 进行操作。

 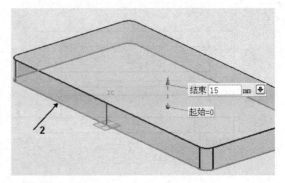

图 2—15 生成拉伸特征

（4）在成形特征工具条中单击"草图"按钮，弹出悬浮工具条，然后根据图 2—16 进行操作。

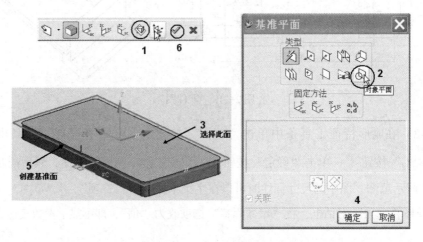

图 2—16 选择基准面

选择 15 mm 高度的平面作为基准面，在此基准面上绘制如图 2—17 所示的 100 mm×150 mm 矩形草图。

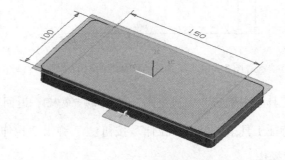

图 2—17 绘制矩形草图

（5）在草图工具条中单击"完成草图"按钮 🏁 完成草图，返回三维建模界面，在成形特征工具条中单击"拉伸"按钮 📖，弹出"拉伸"对话框，然后根据图 2—18 进行操作。

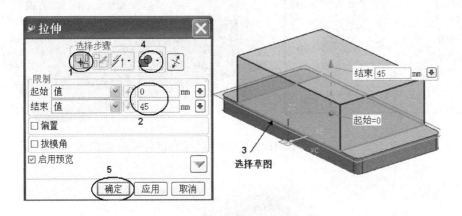

图 2—18 完成拉伸特征

（6）选择 XC – YC 为基准面，绘制草图，如图 2—19 所示。

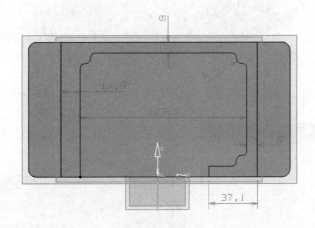

图 2—19 在 XC – YC 基准面上建立草图

（7）在草图工具条中单击"完成草图"按钮 🏁 完成草图，返回三维建模界面，在成形特征工具条中单击"拉伸"按钮 📖，弹出"拉伸"对话框，然后根据图 2—20 进行操作。

（8）在高度为 15 mm 的平面上建立 150 mm × 108 mm 的矩形草图（见图 2—21），在高度 37 ~ 45 mm 间建立拉伸增料，选项设置如图 2—21 所示。

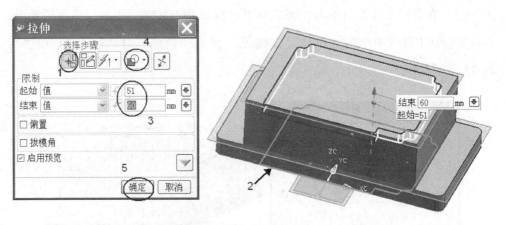

图 2—20　用拉伸除料的方法生成第一层深度为 9 mm 的凹槽

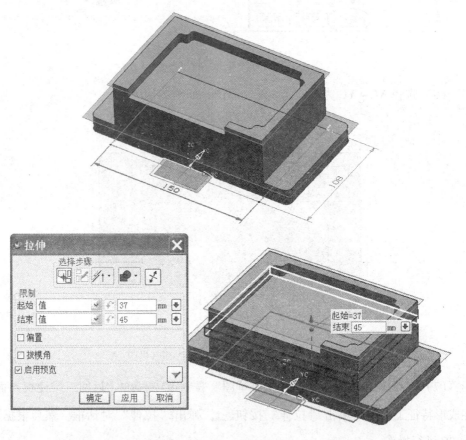

图 2—21　拉伸增料

（9）再在高度为 45 mm 的平面上绘制草图，用拉伸除料（布尔减）的方法即可生成第二层凹台阶，如图 2—22 所示。

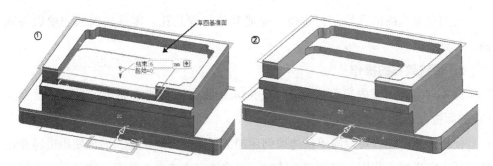

图2—22　生成第二层凹台阶

（10）在特征操作工具条上选择"孔"按钮 ，在"孔"操作对话框中参照图2—23所示顺序操作，按"确定"按钮后出现"定位"对话框，选择"点到点"方式，在弹出的"点到点"选项下拾取圆弧，选择"圆弧中心"，使生成的φ6孔和R6圆弧同心，如图2—23所示。

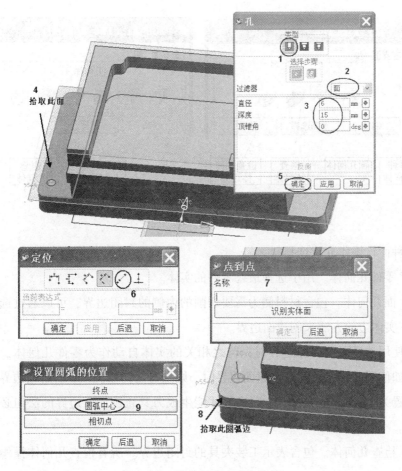

图2—23　孔特征的生成与定位

83
国家职业资格培训教程

可对已经生成的孔复制再定位，完成其他位置的孔，零件底部的凹槽做法同前，此处省略。

2. 面铣编程的操作

此零件主要加工内容可以利用 UG NX4.0 的面铣功能来完成，下面主要介绍 UG 的面铣（Face Mill）功能

使用面铣功能，可以简单快速地创建加工平面的刀具轨迹，面铣使用边界和切削区域来定义加工范围。在创建面铣时，可选择多个或单个平面，这些平面必须垂直于刀轴，刀轴由加工坐标系的 Z 轴确定。

在面铣操作中需要定义几何体、刀具、切削参数，对于每个边界系统会计算出正确的刀具轨迹，避免过切。

（1）用于面铣加工的几何体

根据面铣操作的类型，可以选择多种几何体，如图 2—24 所示。

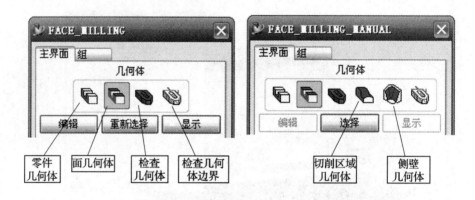

图 2—24　面铣加工的几何体类型

各种面铣操作允许选择：

1）零件几何体。用于选择最终零件的实体。

2）面几何体。包含材料侧为需要切削的内侧的封闭边界，可以通过选择平面或曲线/实体边的方法来创建面边界。

当使用选择面创建面边界时，与之相关的实体自动作为零件几何体，以免过切。但如使用曲线、边、点创建面边界时，则没有任何相关性。所有面边界操作的刀具位置为 Tanto，至少有一个面边界才能生成刀具轨迹，面边界的法向必须和刀轴平行。

3）检查几何体。包含表示工装夹具的封闭边界。所有检查几何体操作的刀具位置为 Tanto。

4）检查几何体边界。边界的方向确定材料是在其内侧还是外侧。检查几何体边界的法向必须和刀轴平行。

5）切削区域几何体。用于定义毛坯，它对面没有限制。在垂直于刀轴的平面内生成刀具轨迹。切削区域几何体是零件几何体的一个子集。

6）侧壁几何体。基于切削区域，对于切削区域的每个面，侧面是从切削面开始向上，包括相切面、凹面和微凹面。

（2）面铣加工切削方法

切削方法决定了刀具轨迹的形式：

1）Zig－Zag 方式 ⊟。平行往复铣削，实际上是逆、顺混合铣削。

2）Zig 方式 ☰。单向平行铣削，可以专门设定是逆铣还是顺铣。

3）单向带轮廓铣 ⊒。沿着零件轮廓边界多刀次加工。

4）仿形轮廓 ◙。沿着零件几何体和毛坯几何体的最大边界偏置，刀轨可以向内或向外。

5）仿形零件 ▣。沿着零件几何体的所有轮廓（包括零件的最大轮廓和内部轮廓）进行等距偏置，如果没有定义零件的几何体，则沿着毛坯几何体偏置。

6）摆线方式 ⦿。摆线方式可以避免因大吃刀量而导致的断刀现象。许多切削方式容易在岛屿间狭窄区域产生吃刀量过大的现象，使用摆线方式可以避免此现象发生。

7）轮廓方式 ▥。沿零件边界单刀路加工，通常用于零件侧壁精加工。

8）混合切削方式 ▨。在每个加工区域选择不同的切削方式，以提高加工效率。如果任何一种切削方式都不能有效地进行切削，则混合切削方式是一种明智选择。

面铣的切削方式如图 2—25 所示。

相关参数如下：

1）步进（见图 2—25）。用于指定切削路径之间的距离，有四种选项，即"恒定的""残余波峰高度""刀具直径""可变的"。

2）毛坯距离。定义需要切除的毛坯厚度，这个厚度是沿着刀轴在所选择平面几何体上方的材料厚度（见图 2—26a）。

3）每一刀的深度。均分所切除材料的厚度（见图 2—26a）。

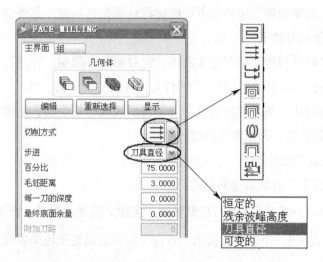

图 2—25　面铣的切削方式

a)

b)

图 2—26　参数定义

4）最终底面余量。确定留在平面几何体上方未切削的材料厚度。所切除材料的厚度为毛坯偏置和最终底面余量之间的距离（见图 2—26a）。

5）附加刀路。当使用轮廓切削方式时，可以定义附加刀路，以多路径方式切除材料。附加刀路数是指沿着边界附加的刀路数，如图 2—26b 所示。

由选择一张平面和它的倒斜角构建边界时的选项：

忽略倒斜角。选择平面边界时，忽略倒角、圆角。当忽略倒斜角选项关闭时，使用所选面的边创建加工边界。当忽略倒斜角选项开启时，首先忽略倒角、圆角，然后创建边界，选项如图2—27所示。如果其他对象要继承这些边界，就要在一个 MILL_ BND 几何父节点组中使用毛坯边界。

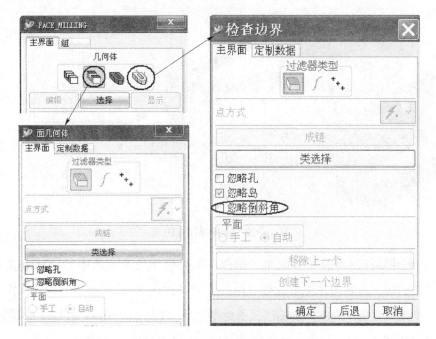

图2—27 忽略倒斜角选项

（3）零件顶部平面的面铣操作

1）打开前面已经完成的零件模型（base_ part），选择"开始"→"加工"命令，系统进入CAM编程环境，按系统默认的加工环境设置，并选择"初始化"，如图2—28所示。

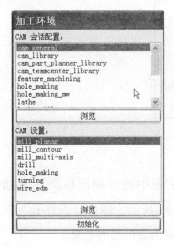
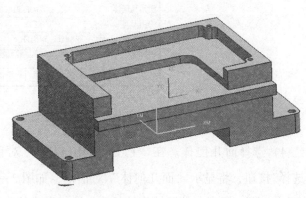

图2—28 加工环境初始化

2）激活操作导航器。从资源条中选择操作导航器，如图2—29所示。

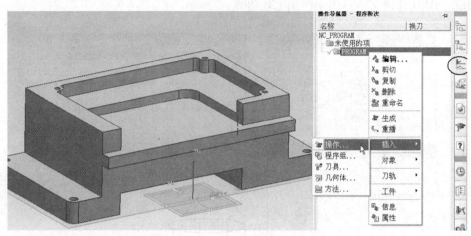

图2—29　选择操作导航器

3）创建零件顶面的平面铣加工操作。加亮程序父节点组中的"PROGRAM"项，单击右键，在弹出菜单中选择"插入"→"操作"，系统显示"创建操作"对话框，类型设置为"mill_planar"，子类型选择"FACE_MILLING"图标🔲，其他设置参照图2—30。确定后系统显示"FACE_MILLING"对话框。

图2—30　创建操作

4）选择面几何体。在"FACE_MILLING"对话框中选择面图标🔲，单击"选择"按钮，将显示"面几何体"对话框，如图2—31所示。图中"忽略孔"选项开启，面内所有空的区域将被忽略，这时生成的边界为面的最外轮廓。

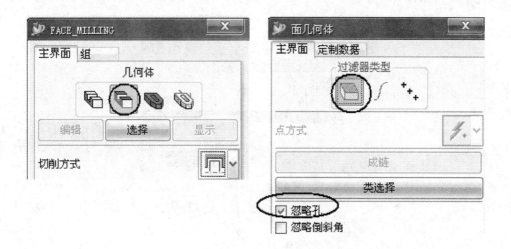

图 2—31 选择面几何体

5）选择零件顶面。单击"确定"，在"FACE_ MILLING"对话框中选择切削方式"Zig – Zag"，生成刀具轨迹（见图 2—32a）。在"切削参数"对话框的"连接"选项卡下选择"优化"项，"跟随"项可以保证刀具在没有材料区域以快速进给方式走刀（见图 2—32b）。

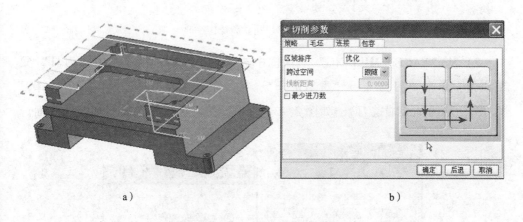

a）   b）

图 2—32 生成顶面刀具轨迹

（4）复制面铣操作加工其他平面

使用混合操作，一次操作加工多个平面。

1）在操作导航器上高亮显示"FACE_MILLING"，单击右键，选择"复制"→"粘贴"，这样就创建了一个新操作，系统取名为"FACE_MILLING_COPY"，可修改此名为"INSIDE_FACE_MILLING"，如图 2—33 所示，双击"INSIDE_FACE_MILL-ING"操作，可以修改操作设置参数。

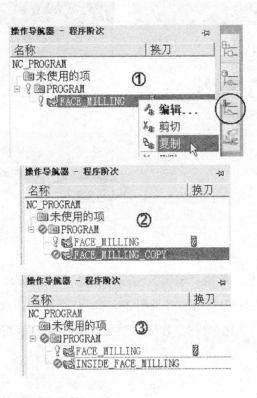

图 2—33　建立新操作

2）从"FACE＿MILLING"对话框中选择"组"选项卡，选中"刀具"父节点组，单击"刀具"→"重新选择"，在"重新选择工具"对话框中选择刀具 T32（ϕ10 mm 端铣刀），如图 2—34 所示。接着可以重选需要加工的平面。

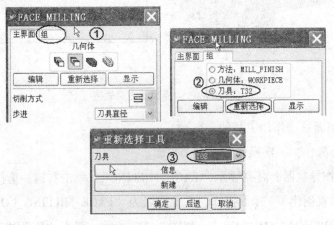

图 2—34　重选刀具

3）进入"主界面"选项卡，在"几何体"下选择图标 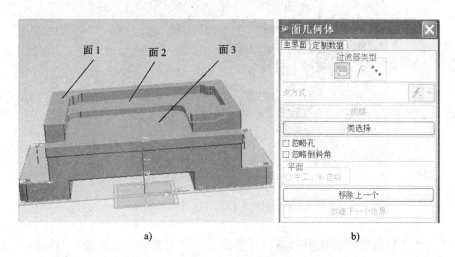，单击 重新选择 按钮，按图2—35a所示选择加工面，按信息提示操作，不选中"忽略孔"选项（见图2—35b），单击"确定"，返回主界面。

图2—35　选择加工面

4）选择"切削方式"下的混合切削方式 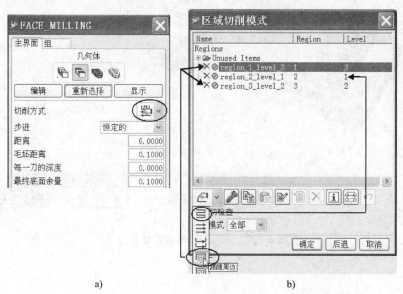，按图2—36a所示设置参数，单击生成图标 ，系统显示"区域切削模式"对话框（见图2—36b），在此对话框中分别选择3个被加工的平面区域，面1需要选择Zig–Zag方式，而面2、面3均选择仿形轮廓铣方式，每种方式可以根据加工要求单独编辑。按"确定"按钮后回到主界面，此时出现刀具轨迹图，如图2—36c所示。

a)　　　　　　　　　　b)

91

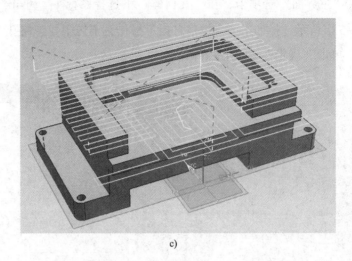

c)

图2—36　对多个面同时生成刀具轨迹

5）在主界面选择确认图标，系统即显示"可视化刀轨轨迹"对话框，如图2—37所示，在此方式下可以动画方式检查轨迹的路径显示是否正确，按"确定"按钮，回到主界面，完成混合操作。

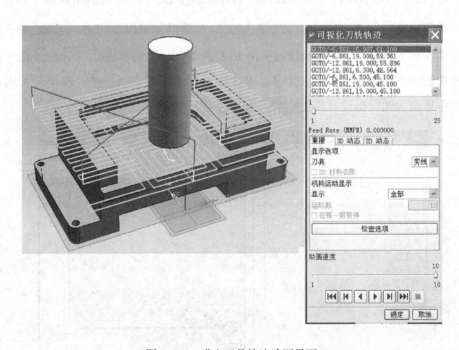

图2—37　进入刀具轨迹验证界面

第三节　数控加工仿真

学习目标

➤通过本节的学习，使培训对象能够利用数控加工仿真软件分析和优化数控加工工艺。

相关知识

一、VERICUT 仿真软件介绍

数控仿真软件的作用主要是预测切削过程的正确性，防止干涉和碰撞的发生，代替工件的试切，提高生产效率。更重要的是能优化加工过程，即优化工艺，改变切削进给速度，从而达到提高加工质量和生产效率的目的。

目前只有少数数控仿真软件具有优化加工过程的功能，其中由美国 CGTECH 公司开发的 VERICUT 软件，就是由 NC 程序验证模块、机床运动仿真模块、优化路径模块、多轴模块、高级机床特征模块、实体比较模块和 CAD/CAM 接口模块等组成，可模拟数控车床、数控铣床、数控加工中心、数控线切割机床和数控多轴机床等多种加工设备的数控加工过程；能进行 NC 程序优化，缩短加工时间，可检查过切、欠切，并对过切（欠切）部分进行定量分析，检查机床碰撞、超程等错误；还具有真实的三维实体显示效果，并对切削模型用虚拟的工具测量尺寸，还可以保存模型供检验、后续工序切削加工。

二、VERICUT 仿真软件切削参数的优化原理

在手工编程或用 CAD/CAM 编程时切削参数是由编程员或系统设定的，但是除了主轴转速和进给速度可以保持恒定外，切深和切宽实际上是无法始终保持恒定数值的，这主要是由零件毛坯余量的不均匀以及刀具路径策略所影响的，如用键槽刀进行等高线加工时，有时是满刀，而有时不是满刀，切宽在变化；用球头刀加工表面时，可能由于零件表面曲率半径的不同，等高加工后留下的余量有很大差别，因而，由于切深和切宽的变化，刀具的切削力不是一个恒定力，精加工或高速加工时

对表面质量会有一定负面影响。并且，切削载荷变化对刀具的寿命也不利。所以，为了获得最佳加工质量同时考虑延长刀具寿命，需要对刀具的切削参数结合其所在的加工程序一起优化。

另外一个问题就是随着加工对象越来越复杂，切削进给速度越来越高，这就要求在整个实训加工过程中必须保证绝对的安全。所以要求在真实加工前，能在计算机上模拟出整个加工过程以及加工后真实的状况，以提前发现错误，调整加工参数，使整个加工过程更加高效安全。基于这种需要，各种仿真优化技术得到了迅速的发展，加工仿真优化软件逐渐地走入实用化，随着日趋完善而成为数控加工一个重要的辅助工具，对 NC 程序进行仿真与优化能大大地提高加工效率。

在目前的绝大部分 CAM 软件中或手工编程中，其进给速度 F 值一般是固定的，用户可以设定进刀、退刀或切削中途抬刀速度，但在空间曲面加工时无法得知每步的切削用量，从而无法根据切削用量调整切削速度，所以在实际生产中，常常看到机床操作者使用倍率旋钮来调整切削速度，其目的是避免切削余量过大而损坏刀具。但当高速铣削加工时，通常主轴转速超过 12 000 r/min，F 值超过 24 m/min 时，靠操控机床的手轮无法控制切削速度，可以利用 VERICUT 软件来获得切削参数的优化，其基本原理是系统会根据人工方法或机器学习功能建立特定刀具的优化规则库，VERICUT 在接收 NC 程序后，自动判断和计算刀具参数、工件材料、加工路径、机床运动参数之间最匹配的关系，例如，对于进给速度的优化，系统会在切除率大的路径降低 F 值，在切除率小的路径增大 F 值，并自动给原来的程序分段，但不会改变刀具路径，其优化前后进给速度的对比如图 2—38 所示。

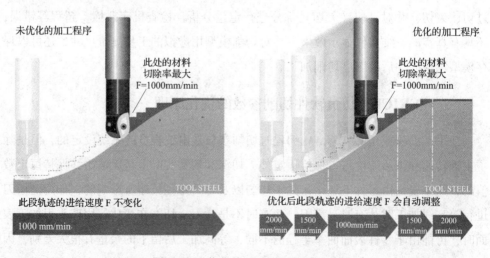

图 2—38　优化前后进给速度的对比

VERICUT 采用两种优化方式，如图 2—39 所示。

1. 恒定切削体积去除率优化方式（Volume Removal）（见图 2—39a）

当单位时间内刀具去除材料体积较大时，进给速度降低；去除材料体积较小时，进给速度提高。假设切削深度、切削宽度、进给速度和体积去除率的经验值为 a_p（mm）、a_e（mm）、v_f（mm/min）、V（mm^3/s），其中 $V = f$（a_p，a_e，v_f）。

当切削体积为零时，刀具并未切削材料，实质上刀具在空走刀，这样，进给速度可以提高到机床能承受的进给速度的最大值，从而大大减少加工时间，获得良好的加工效率；当刀具切削体积不为零时，计算其体积去除率 V，若 V 大于优化库中的体积去除率基准值 V_b，降低进给速度，相反，提高进给速度，以维持较稳定的体积去除率，从而保证稳定的切削状况。

该优化方式主要应用于材料切削余量变化比较大的场合，特别是粗加工阶段。此种优化方式对数控机床是一种有效的保护，不会存在大余量切削的状况，同时对刀具寿命的提高也有很大的贡献。

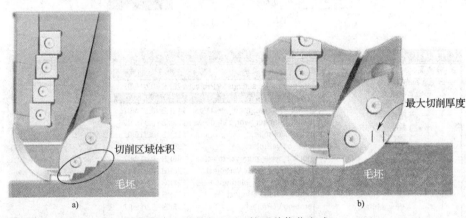

图 2—39　VERICUT 的两种优化方式

a）恒定切削体积去除率优化方式　b）恒定切削厚度优化方式

2. 恒定切削厚度优化方式（Chip Thickness）（见图 2—39b）

这种优化方式是在切削时通过进给速度的变化保持恒定的切削厚度。

当切削深度大于刀片半径（或刀具底角 R），或切削厚度大于每齿理想进给厚度（由优化规则决定）时，系统降低进给速度；相反，当切削深度小于刀片半径（或刀具底角 R），或切削厚度小于每齿理想进给厚度时，系统提高进给速度。通过调节进给速度，可以动态地维持切削厚度相对恒定，切削力相对平稳。该优化方式主要应用于半精加工和精加工阶段，以提高加工效率和零件表面质量。

操作技能

仿真软件应用

首先打开一个工程项目文件，如图2—40所示。单击"文件"→"打开"，在"打开项目"对话框中选择项目，如图2—41所示。

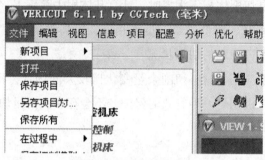

图2—40 打开文件

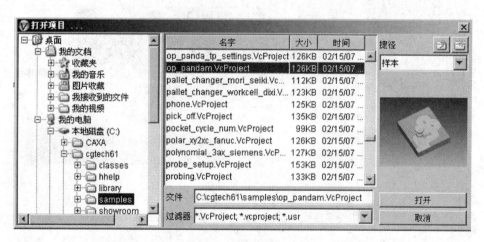

图2—41 "打开项目"对话框

单击"打开"（这是一个配置好的工程，包括控制系统、机床、刀具、工件坐标系等，程序都已经加载好），得到如图2—42所示的界面。

单击"优化"，在如图2—43所示的下拉菜单中选择"控制"，得到如图2—44所示的对话框。

在"优化方式"中选择"开"，并选择所要加工的"材料"为"6061 Aluminum"，使用的机床为"Mazak Yasnac MX3"。单击"确定"，完成设置（见图2—44）。

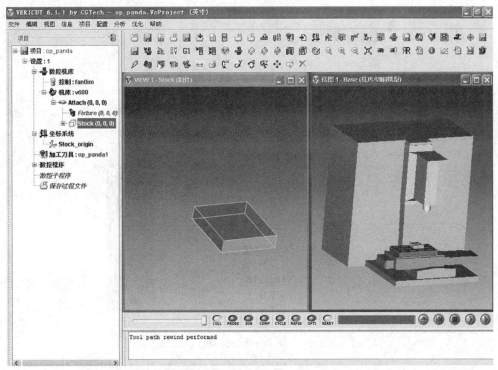

图 2—42　VERICUT 工作界面

图 2—43　"控制"命令选项

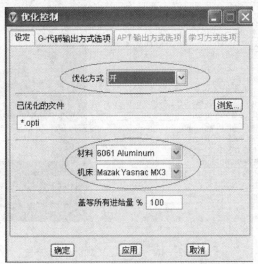

图 2—44　"优化控制"对话框

单击主菜单"项目"，如图 2—45 所示，选择"刀具"，在如图 2—46 所示的对话框中对刀具进行设置。

图 2—45 "刀具"选项

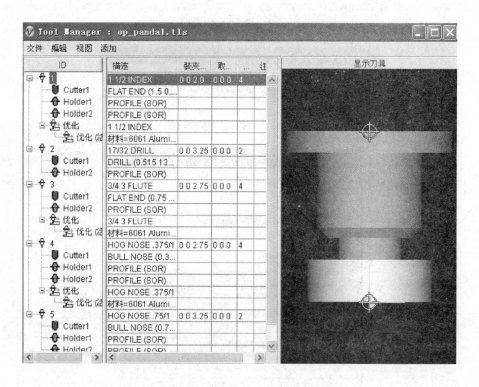

图 2—46 刀具定义对话框

如要修改加工参数，双击 Tool Manager 界面左侧的刀具"优化"选项，即可进入如图 2—47 所示的界面，其中优化所依据的参数都可以按实际加工环境进行修改。

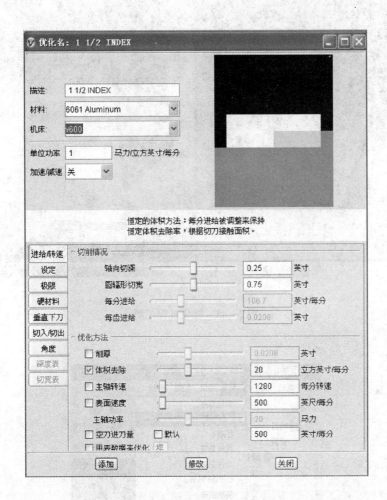

图 2—47　优化参数设置界面

参数设置完后即可以进行优化，点击"模拟"按钮即可，VERICUT 会在模拟过程中根据切削用量来改变刀具的进给速度，优化过程中 OPTI 灯会亮，如图 2—48 所示。

优化完毕后，可以在看到优化前后的对比，主要是可以节省时间。单击主菜单"信息"，如图 2—49 所示，选择"状态"选项得到如图 2—50 所示的对话框。

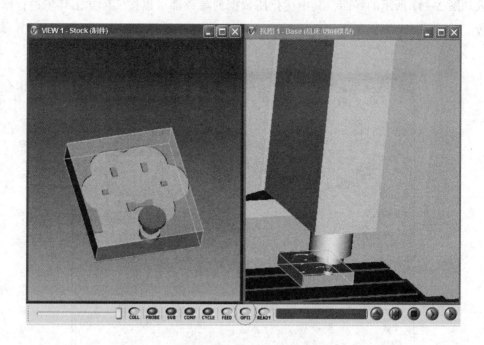

图2—48　优化过程控制

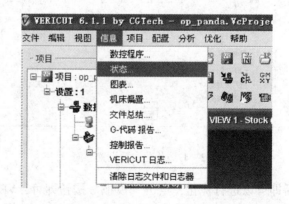

图2—49　"信息"菜单"状态"选项

单击主菜单"信息"，选择"图表"选项（见图2—51），得到如图2—52所示的对话框，可以看到优化进程。

单击主菜单"优化"，选择"比较文件"选项（见图2—53），得到"比较数控程序"对话框，就可以看到优化前后数控程序的对比结果，如图2—54所示。

图 2—50 "状态"对话框

图 2—51 "信息"菜单"图表"选项

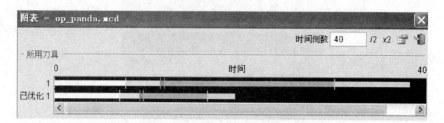

图2—52 "图表"对话框

图2—53 "优化"菜单"比较文件"选项

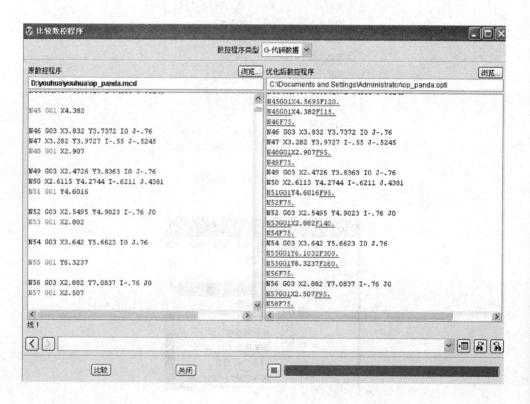

图2—54 优化后数控程序对比结果

第三章

数控铣床的操作

第一节　数控铣床基本操作

学习目标

➤能够操作卧式铣床或加工中心。

相关知识

卧式铣床是指主轴轴线与工作台平行的数控机床，主要适用于加工箱体类零件。卧式铣床的主轴处于水平状态，通常带有可进行分度回转运动的正方形工作台。一般具有3~5个运动坐标轴，常见的是三个直线运动坐标轴加一个回转运动坐标轴，它能够使工件在一次装夹后完成除安装面和顶面以外的其余四个面的加工，最适合加工箱体类零件。一般具有分度工作台或数控转换工作台，可加工工件的各个侧面，也可作多个坐标轴的联合运动，以便加工复杂的空间曲面。

有的卧式铣床带有自动交换工作台，在对位于工作位置的工作台上的工件进行加工的同时，可以对位于装卸位置的工作台上的工件进行装卸，从而大大缩短辅助时间，提高加工效率。

一、卧式铣床的类型及特点

卧式铣床按立柱是否运动分为固定立柱型和移动立柱型。

1. 固定立柱型

（1）工作台十字运动

工作台作 X、Z 向运动，主轴箱作 Y 向运动，主轴箱在立柱上有正挂、侧挂两种形式。适用于中型复杂零件的镗铣等多工序加工。

（2）主轴箱十字运动

主轴箱作 X、Z 向运动，工作台作 Y 向运动。适用于中小型零件的镗铣等多工序加工。

（3）主轴箱侧挂于立柱上

主轴箱作 Y、Z 向运动，这种布局形式与刨台型卧式铣床类似，工作台作 X 向运动。适用于中型零件的镗铣等多工序加工。

2. 移动立柱型

（1）刨台型

床身呈 T 字形，工作台在前床身上作 X 向运动，立柱在后床身上作 Z 向运动。主轴箱在立柱上有正挂、侧挂两种形式，作 Y 向运动。适用于中、大型零件，特别是长度较大零件的镗铣等多工序加工。

（2）立柱十字运动型

立柱作 Z、U（与 X 向平行）向运动，主轴箱在立柱上作 Y 向运动，工作台在前床身上作 X 向运动。适用于中型复杂零件的镗铣等多工序加工。

（3）主轴滑枕进给型

主轴箱在立柱上作 Y 向运动，主轴滑枕作 Z 向运动，立柱作 X 向运动。工作台是固定的，或装有回转工作台。可配备多个工作台，适用于中小型多个零件加工，工件装卸时间与切削时间可重合。

二、卧式铣床与立式铣床对比

卧式铣床与立式铣床的对比见表3—1。

表3—1 　　　　　　　　　　卧式铣床与立式铣床的对比

	卧式铣床	立式铣床
优点	（1）易于排屑 （2）可安装交换工作台 （3）容易将3轴机床改装成5轴机床 （4）高速进给时易于实现正确的加速度 （5）易于实现深孔加工	（1）易获得机床刚度和精度 （2）适合于模具的加工 （3）刀具可以配装得很重 （4）方便夹具的安装和工件的装卸
缺点	（1）工件尺寸受限制 （2）对刀具质量有限制要求 （3）占据的地面空间大 （4）工件夹持比立式铣床更困难	（1）很难进行快速进给的加工，加速度失真 （2）排屑困难 （3）加工过程监视较困难

操作技能

一、四轴卧式铣床加工零件的工件坐标系原点偏置计算

首先要了解卧式铣床的标准坐标系，卧式铣床的主轴在水平方向上，主轴能作上下升降运动，根据机床坐标系标准规定，从刀具主轴的后端向前看工件，X 坐标轴的正方向应指向右，主轴后退方向应是 Z 坐标轴的正方向，根据右手定则可以判断 Y 坐标轴的正方向是主轴上升方向，如图 3—1 所示。实际上刀具除 Y 轴能移动外，X 轴和 Z 轴的运动不是刀具的运动，而是由工作台的运动完成的，所以机床工作台移动的 X、Z 轴正方向和标准坐标系的正方向相反，用 X' 和 Z' 表示，如图 3—1 所示。工作台除能实现 X 和 Z 方向的运动，还能实现 Y 轴回转运动，回转坐标轴用 B 表示，回转方向如图 3—1 所示。

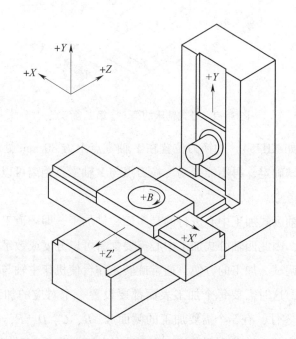

图 3—1　卧式铣床的机床坐标系

机械原点是机床调试和加工时十分重要的基准点，通常开机后或自动换刀时都要使机床回零。所谓回零操作就是使运动部件回到机床机械原点，机械原点一般设置在刀具或移动工件台的最大行程处，并且在机床标准坐标系的正方向。所以当加工中心执行回零操作时，主轴沿 Y 轴的正方向上升到极限位置，工作台沿

+ X'、+ Z' 移动到极限位置，三轴极限位置就是机械原点，如图 3—2 所示，平时讲加工中心回零指的是工作台回到 A' 点，主轴回到 Y 轴零点。机械原点又称第一参考点。

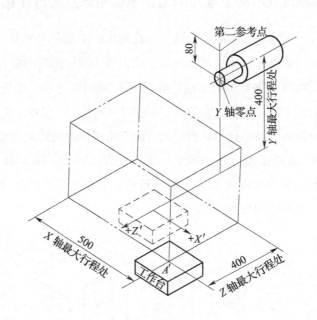

图 3—2　卧式铣床的第一、第二参考点

加工中心（如 XH754）的换刀位置在 Y 轴零点上方 80 mm 处，机床装配完毕后，换刀点经调试确定，再不能变动。换刀点与 Y 轴零点距离可以由参数设定。换刀点又称第二参考点。

实际常用四轴卧式加工中心进行的是多面镗铣加工，即一道工序要对零件的多个表面切削加工，因此四轴卧式加工中心需要配备可以分度或数字控制的旋转工作台。为了编程、调试、加工的方便，通常旋转工作台使机床主轴与工件的每一个被加工的表面垂直，这时需要每个加工表面都要设置一个对应的加工坐标系，如图 3—3 所示的箱体零件，有 5 个需要加工的侧面 A、B、C、D、E，即 5 个工位，通过 B 轴旋转实现定位，故分别要确定 5 个对应的加工坐标系，对应的工件坐标系原点偏置值分别被存入到相应的 G54~G58 零点偏置存储器中。

对于以上 5 个工位的零点，通常的办法就是用测量找正工具逐一进行确定与设置，但有如下缺点：

（1）加工效率低，因为必须对每一个工位的坐标系原点进行找正、计算。

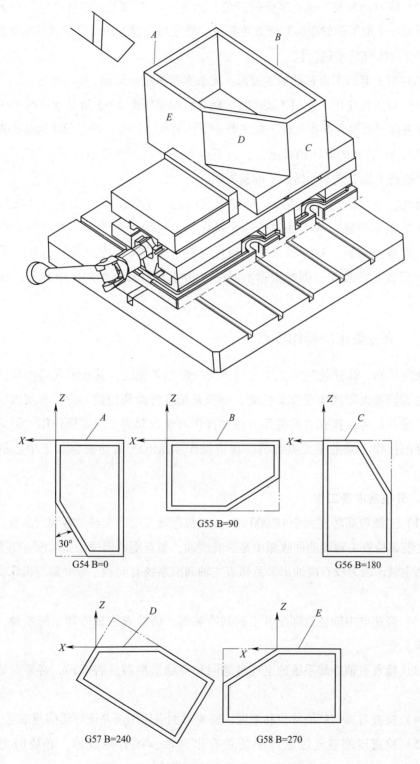

G55 B=90

G54 B=0

G56 B=180

G57 B=240

G58 B=270

图3—3　四轴卧式加工中心加工箱体零件

（2）零件的装夹必须有准确的定位，因为一旦被加工的零件有定位误差，就必须对每一个加工面的坐标系原点重新进行确定与设置，所以要求有较复杂的工装夹具以保证零件的准确定位。

（3）对于有加工余量的加工表面，无法直接测量而得到。

（4）较多地使用了专用工装夹具，例如，如果将图 3—3 所示零件的平面 D 换成圆弧表面并且要在圆弧表面上加工若干个径向孔，那么，就必须将圆弧表面的回转轴线与 NC 转台的旋转轴线重合。为了达到这一目的就必须使用专用工装夹具，这样就提高了加工成本，增加了准备周期。

为此，专门提出改进措施，即如果先确定了工件上某一基准点 A 在机床坐标系中的坐标位置，那么通过坐标变换计算，再得到其他工位表面坐标原点的位置，即零点偏置。这样将来可以通过编制宏程序实现零点偏置自动计算。如果机床配置光电测头，则能根据不同的 B 值实现自动更换加工坐标系，实现自动加工。

二、高速铣床的操作要点

众所周知，高速铣削加工工艺与传统铣削加工相比，其技术优势明显，高速铣削是否能最大限度地发挥其性能，延长其精度寿命和使用寿命，不仅仅取决于机床质量的优劣，操作者的使用方法和操作习惯也起到了决定性作用。因此，养成良好的操作习惯是至关重要的。现将操作 MIKRON 高速铣削加工中心的要点总结如下：

1. 开机前准备工作

（1）主轴最高转速大于 18 000 r/min 的机床通常配有主轴油雾润滑系统，每次开机之前请检查主轴废油回收瓶中是否有废油，如有则请倒掉，如果没有则千万不要转动主轴，因为没有废油出来意味着主轴润滑系统有问题，应立刻与机床供应商联系。

（2）高速电主轴通常都配有主轴制冷装置，请检查主轴冷却系统水位，必要时加满。

（3）检查主轴冷却系统的空气过滤网和片状散热器是否脏污，必要时清洗干净。

（4）检查刀具切削液液位和浓度，必要时加满切削液并调好切削液浓度。

（5）检查压缩空气过滤器中是否有水和油，如有则放掉，必要时更换滤芯。

（6）检查三相动力电源电压是否在机床参数规定范围内。

上述检查无误后，打开机床电源开关和气源开关，待主轴预润滑完毕后，执行回机床参考点操作。

2. 开机后、加工前准备工作

（1）按上一步骤检查、开机、回机床参考点后，检查机床各气压表压力值是否正常，如果正常，机床可以投入正常运行。

（2）高速电主轴每天第一次开机后必须先进行主轴预热，不同规格的主轴的预热情况不一样。

1）对于18 000 r/min 的主轴，如果加工转速小于9 000 r/min，则以9 000 r/min 预热主轴6 min。如果加工转速大于9 000 r/min，则先将主轴以9 000 r/min 顶热3 min，再以主轴加工转速预热3 min。

2）对于24 000 r/min 的主轴，如果加工转速小于12 000 r/min，则以12 000 r/min 预热主轴6min；如果加工转速大于12 000 r/min，则先将主轴以12 000 r/min 预热3 min，再以主轴加工转速预热3 min。

3）对于42 000 r/min 的主轴，如果加工转速小于30 000 r/min，则以30 000 r/min 预热主轴6 min；如果加工转速大于30 000 r/min，则先将主轴以30 000 r/min 预热3 min，再以主轴加工转速预热3 min。

（3）准备加工程序

如果工件是比较复杂的三维模型，可以使用各种 CAD/CAM 软件编程，如UG、Pro/E 等软件。当然也可以在机床的数控系统上直接编写程序，如米克朗机床采用的海德汉 TNC430 和 iTNC530 控制系统里有很多固定循环、自由轮廓编程、变量函数编程等功能，使用比较方便、直观易懂、不需绘图，节约了大量时间并提高了机床的利用率。程序编好并检查无误后传送到机床中，必要时可以在机床图形仿真模式下通过试运行检查。

（4）准备刀具

ISO 或 BT 型锥柄的应用转速不超过12 000 r/min，在较高转速时，主轴由于离心力和热效应而伸长，在发生这种情况时，锥型刀柄会沿着主轴锥孔向上窜动。在主轴停止后，会导致热压配合产生的抱死现象。靠端面和锥柄过定位接触的 HSK 空心锥柄避免了该现象发生。此外，HSK 锥柄的静刚度比 BT 或 ISO 类锥柄的刚度要高而且夹紧力也大，HSK 刀柄应按 ISO1940 标准，在最大主轴转速时动平衡指数达到 G2.5。将刀具装入主轴之前必须将刀具锥面和主轴端面擦干净，刀具夹持尽量短，避免刀具的晃动影响工件的表面粗糙度和精度，根据加工程序准备好全部刀具并装入刀库，并将刀具的长度和半径值输入刀具表，如果有超长、超大的刀具，需改用手动换刀。如果机床配有机内对刀仪，则可进行机内自动对刀，并自动将刀具的检测结果写入刀具表。

(5) 准备工件

将待加工工件装在工作台上，在装夹工件时要考虑机床的加工行程范围。设定工件原点并存进坐标原点表，以便于再次调用。如果采用红外工件测头，则会使这项操作变得简便而且精确。

在设定工件坐标之前要确认刀具长度补偿值是否被激活，如果没有则需先激活刀具资料，否则有撞刀危险。

3. 进行工件加工

当按照以上两项分别做好准备工作后，需检查机床当前的状态，如是否需要坐标旋转、镜像、比例缩放，调好转速和进给的倍率开关，一切无误后即可启动程序进行加工。

当工件加工完毕后不要急于卸下工件，应当利用现场的检测工具（如红外工件测头、游标卡尺）对工件进行全面检测，如果工件某些部位没有加工到尺寸，需要对刀具作长度、半径的补偿或者调节转速或进给速度，以达到工件的精度要求。

第二节　数控系统参数设置

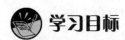 学习目标

➤能够针对机床现状调整数控系统相关参数。

 相关知识

一、机床数据的唯一性、易失性

机床数据，包括数控系统参数、加工程序、螺距误差补偿数据、宏程序或 R 参数、伺服参数或驱动配置数据、PLC 程序或梯形图等，均存储在 CNC 不同的介质或区域内。如 FANUC 0i 系列将系统软件、数字伺服软件、梯形图、用户宏

程序执行器存储在 F – ROM 中，机床参数、螺距误差补偿数据、加工程序、PMC 参数等存放在 S – RAM 中，同时依靠锂电池在系统断电后维持 S – RAM 中的数据。

之所以说数控机床数据是唯一的，是因为即使是同一型号的机床，机床数据也有可能是不同的，如伺服参数、螺距误差补偿数据、PMC 参数等，这些数据有可能被安装调试人员根据现场具体情况进行了修改或调整。

易失性是指由于 S – RAM 中的数据在断电后是依靠电池维持的，若电池供电出现问题或数控系统损坏，会造成 S – RAM 中数据丢失。所以备份机床数据对设备保全是非常重要的。

二、数据的分类

数据主要分为系统文件、MTB（机床制造厂）文件和用户文件。

1. 系统文件

FANUC 提供的 CNC 软件和伺服控制软件称为系统软件。

2. MTB 文件

PMC 程序、机床厂编辑的宏程序执行器（Manual Guide 及 CAP 程序等）称为 MTB 文件。

3. 用户文件

系统参数、螺距误差补偿值、加工程序、宏程序、刀具补偿值、工件坐标系数据、PMC 参数等称为用户文件。

三、数据的存储

FANUC 0i 系列数控系统与其他数控系统一样，通过不同的存储元件存放不同的数据文件。

数据存储元件主要分为：

1. F – ROM 只读存储器（见图 3—4a）

在数控系统中作为系统存储空间，用于存储系统文件和 MTB 文件。

2. S – RAM 静态随机存储器（见图 3—4b）

在数控系统中用于存储用户数据，断电后需要储能电容（见图 3—4c，换电池时可保持 S – RAM 芯片中数据 30 min）保护，所以有易失性（如电池电压过低、S – RAM 损坏等）。

图3—4　FANUC 0i 系统数据存储元件

a) F－ROM　b) S－RAM　c) 储能电容

四、数据的备份和保存

在 S－RAM 中的数据由于断电后需要电池保护，有易失性，所以保留数据非常必要，此类数据需要通过备份的方式或者通过数据输入/输出方式保存。数据备份方式下保留的数据无法用写字板或 WORD 软件打开，即无法以文本格式阅读数据。但是通过输入/输出方式得到的数据可以通过写字板或 WORD 软件打开。数据输入/输出方式又分为 CF 卡方式和 RS232C 串行口方式。

在 F－ROM 中的数据相对稳定，一般情况下不易丢失，但是如果遇到更换 CPU 板或存储器板时，在 F－ROM 中的数据均有可能丢失，其中 FANUC 的系统文件在购买备件或修复时会由 FANUC 公司恢复，但是机床出厂附带文件 PMC 程序及 Manual Guide 或 CAP 程序也会丢失，因此机床厂数据的保留备份是非常必要的。

操作技能

一、FANUC 0iC 系统参数设置与数据输入/输出操作

通过常用的 RS232C 输入/输出操作方式，可以将数据输入/输出 CF 卡（CF = Compact Flash）中，无须再连接电缆、外部计算机，操作及数据保存简便易行，并且非常安全（不会因为带电插拔烧坏 RS232C 接口芯片）。

可以由操作工进行输入/输出的数据包括程序、偏置数据、参数、螺距误差补偿数据、用户宏程序变量、PMC 参数、PMC 程序（梯形图）。FANUC 0iC 16i/18i/21i 等系统可以通过显示单元左侧的存储卡接口，把数据从存储卡读入到 CNC 中，也可以从 CNC 传出到存储卡中。

在使用输入/输出设备进行数据输入/输出操作之前，必须设置相关的输入/输出参数（按操作面板上的"设定"软键进入参数设置界面，见图3—5）。

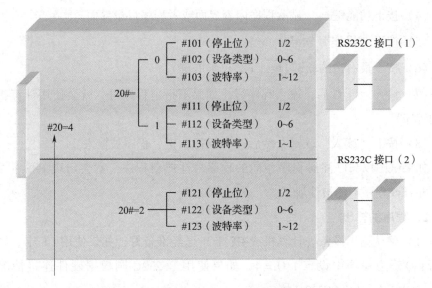

当 20#=4（设备类型）时，输入/输出设备指针定义为 CF 卡。

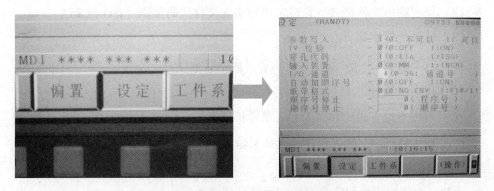

图 3—5　设置相关的输入/输出参数

二、程序的输入/输出

1. 程序的输入

这部分叙述如何从外设（CF 卡或计算机）侧将程序送到 CNC 中。

（1）请确认输入设备是否准备好（计算机或 CF 卡），如果使用 CF 卡，在设定界面 I/O 通道一项中设定 I/O = 4。如果使用 RS232C 则根据硬件连接情况设定 I/O = 0 或 I/O = 1（RS232C 接口 1）。

（2）让系统处于编辑方式。

（3）计算机侧准备好所需要的程序界面（相应的操作需参照所使用的通信软件说明书），如果使用 CF 卡，在系统编辑界面按翻页 $\boxed{\triangleright}$，在软键菜单中选择"卡"，可查看 CF 卡状态。

（4）按下功能键PROG，显示程序内容界面或者程序目录界面。

（5）按下"操作"软键。

（6）按下最右边的软键 ▷ （菜单扩展键）。

（7）输入地址 O 后，输入程序号。如果不指定程序号，就会使用计算机中默认的程序号。

（8）按下"读入"软键，然后按"执行"键，程序被输入。

如果试图以与已注册程序相同的程序号注册新程序，就会出现 P/S 报警 073号，并且该程序不能被注册。

2. 程序的输出

（1）确认输出设备（计算机或 CF 卡）已经准备好，如果使用 CF 卡，在设定界面 I/O 通道一项中设定 I/O = 4。如果使用 RS232C 则根据硬件连接情况设定 I/O = 0 或 I/O = 1（RS232C 接口 1）

（2）选定输出文件格式，在设定界面指定文件代码类别（ISO 或 EIA）。

（3）让系统处于编辑方式。

（4）按下功能键PROG，显示程序内容界面或者程序目录界面。

（5）按下"操作"键。

（6）再按下最右边的软键 ▷ （菜单扩展键）。

（7）输入地址 O，输入程序号。如果输入 - 9999，则所有存储在内存中的程序都将被输出。

要想一次输出多个程序，可指定程序号范围如下：

$$O△△△△，O□□□□$$

则程序 No. △△△△到 No. □□□□都将被输出。

当参数 SOR（No. 3107#4）设置为 1 时，程序库界面以升序的形式显示程序号。

（8）按下"输出"软键，然后按"执行"键，指定的一个或多个程序就被输出。

第四章

零件加工

第一节　特殊材料的加工

 学习目标

➤通过本节的学习使培训对象能够掌握常见的特殊材料的铣削加工技术。

 相关知识

一、难加工材料高速切削的特点

强度和硬度高、塑性和韧性好、导热性差、存在微观硬质点、化学性质活泼等是造成难加工材料加工困难的主要原因。从切削机理角度分析，高速切削技术能够在一定程度上改善材料的切削加工性。

高速条件下切削难加工材料，单位时间内产生的切削热多，切削层的瞬间温度高，导致高硬度类难加工材料（如淬硬钢、冷硬铸铁、高强度钢）切削层的硬度下降，起到了加热切削层的作用，能减小被加工材料的塑性变形抗力，降低材料切削加工的难度。另外，高速切削时材料去除率高，切屑流动快，短时间内产生的热量来不及传入工件和刀具就被切屑带走，切削热对工件表层的影响并不明显。此种加工机理对于加工硬化倾向严重的难加工材料（如高锰钢）、化学性质活泼的难加工材料（如镁合金），以及导热系数低的难加工材料（如奥氏体不锈钢和钛合金）的切削加工比较有利。

难加工材料的高速切削首先应解决材料的加工工艺问题，在此基础上应大幅度提高切削加工效率。先进适用的刀具材料、合理的刀具结构与参数、冷却与排屑等是实现难加工材料高速切削的基础技术。

1．刀具材料

适用于难加工材料高速切削的刀具材料除了具备基本的强度、硬度、耐磨性、抗冲击能力和热疲劳特性以外，在热硬性、导热系数、抗氧化及黏结磨损能力、热膨胀系数、与工件材料在高温下的亲和性等方面也要具备较高的综合性能。硬质合金及其涂层、陶瓷、立方氮化硼、聚晶金刚石等刀具材料已逐步应用于各类难加工材料的高速切削。随着材料科学的不断发展，先进适用的刀具材料将成为提高难加工材料加工效率的重要推动力量。

2．刀具结构与参数

切削力大和切削温度高是难加工材料加工的重要特征。高速条件下切削难加工材料时，机械冲击和热冲击对于刀具的影响极大，切削刃边界缺口破损和刀尖处的热磨损是高速切削刀具失效的主要形式。为保证刀具的可靠性，应合理设计切削角度和刃形结构，如适当减小前角、增大后角、增大刀尖角、设计合理的断屑槽形等。

3．冷却和排屑

难加工材料高速切削时，单位时间内产生的切屑和热量均较多，将直接影响加工精度和操作安全。为降低切削温度和提高刀具耐用度，应采取加注切削液或低温强风冷却等措施。为将高温切屑及时从切削区转移出去，工艺系统中应配备必要的排屑装置。

二、钛合金的加工特性与加工条件

与其他大多数金属材料加工相比，钛合金加工不仅性能要求更高，而且成本更高。如果选择适当的刀具并加上正确加工条件，并且按照钛合金加工要求将机床和附件配置优化到最佳状态，就完全可以获得令人满意的高性能和完美结果。

1．钛合金的加工特性

钛合金的各种优良属性使之成为具有强大吸引力的零件材料，但其中许多属性同时也影响着它的可加工性。钛具备优良的强度—质量比，其密度通常仅为钢的60%。钛的弹性系数比钢低，因此质地更坚硬，挠曲度更好，钛的耐侵蚀性也优于不锈钢。这些属性意味着钛合金在加工过程中会产生较高和较集中的切削力，容易产生振动而导致切削时出现振颤。它在切削时还容易与切削刀具材料发生反应，从而加剧月牙洼磨损。此外，它的导热性差，由于热量主要集中在切削区，因此加工钛金属的刀具必须具备高热硬性。

钛合金加工属于高新工艺，缺少可借鉴的经验。此外，加工困难通常与期望值和操作者的经验相关，特别是有些人已经习惯了铸铁或低合金钢等材料的加工方式，这些材料的加工要求一般很低。相比之下，加工钛合金不能采用同样的刀具和相同的速率，并且刀具的寿命也不同，即便与某些不锈钢相比，钛合金加工的难度也仍然要高得多。

由于钛合金在高温下仍能保持其硬度和强度，因而切削刃会受到高作用力和应力，再加上切削区中产生的高热，意味着很可能出现加工硬化，这会导致某些问题产生，特别是不利于后续切削工序。因此，选择最佳的可转位刀片是加工取得成功的关键。实践证明，细晶粒非涂层刀片非常适用于钛合金加工。目前，具有 PVD 钛涂层的刀片更可大大改进切削性能。

2. 钛合金的加工条件

加工钛合金必须采取与碳素钢不同的切削速度和进给量以及一定的预防措施，主要考虑下列加工条件：

（1）刀具的选择

例如，如果未正确地安装刀片，则切削刃会迅速磨损。在切削钛合金时，其他一些因素，如刀具制造公差过大、磨损和刀具受损、刀柄有缺陷或质量差、机床主轴磨损等，都会在很大程度上影响到刀具寿命。观察结果表明，在所有加工表现不佳的案例中，80% 都是由这些因素造成的。尽管大多数人喜欢选用正前角槽形刀具，但事实上稍带负前角槽形的刀具能以更高的进给速度去除材料，但是这样的切削要求保持最佳的稳定状态，即机床应非常坚固，且装夹应极其稳定。除进行插铣（最好使用圆刀片）之外，应尽量避免使用 90° 主偏角，这样做通常有助于提高稳定性和获得总体性能，当在浅切深情况下尤应如此。在进行深腔铣时，一种值得推荐的做法是通过刀具接柄来使用长度可变的刀具，而不是在整个工序中使用单一长度的长刀具。

（2）调整切削参数

在铣削钛合金时，要求刀具至少要以最小的进给量工作，通常为每齿 0.1 mm。如果仍有振动趋势，则刀片损坏或刀具寿命缩短问题将不可避免。可能的解决方法包括精确计算每齿进给量，并确保它至少为 0.1 mm。

另外，也可降低主轴转速以达到最初的进给速度。如果使用最小的每齿进给量，而主轴转速却不正确，则对刀具寿命的影响可高达 95%。降低主轴转速通常可提高刀具寿命。

但在实际铣削加工中，钛合金加工所需的条件不容易全部满足，此外，许多钛合金零件的形状复杂，可能包含许多细密或深长的型腔、薄壁、斜面和薄托座。要想成功加工这样的零件，就需要使用大悬伸、小直径刀具，这都会影响刀具稳定性。在加工钛合金时，往往更容易出现潜在的稳定性问题。

切削工序采用全槽铣、侧铣或轮廓铣削，所有这些都有可能产生振动及重载切削条件，配备具有较短刀具悬伸的 ISO 50 主轴，则加工效果较佳。重要的是，在设定机床时，必须始终注意提高稳定性以避免产生振动趋势。一种改进措施便是采用多级夹紧，有助于减小振动。

 **操作技能**

一、3Cr13 马氏体不锈钢的加工实例

在加工 3Cr13 马氏体不锈钢内螺纹 M12 时，丝锥极易磨损，还经常"咬死"在螺纹孔中，出现丝锥崩刃或折断现象，其结果不但影响产品质量，也加大了生产成本。下面通过对比 45 钢的加工性能，提出内螺纹加工丝锥的改进措施。

1. 材料对比及分析

在腐蚀介质中具有较高抗腐蚀性能的钢，即含铬量大于 12%、含镍量大于 8% 的合金钢，一般称为不锈钢。不锈钢按其化学成分可分为两类，即铬不锈钢和铬镍不锈钢，3Cr13 属于铬不锈钢。

表4—1 是 45 钢和 3Cr13 不锈钢的化学成分与力学性能对比。比较 45 钢（正火）与 3Cr13 不锈钢的力学性能，3Cr13 钢的强度、硬度等指标均比 45 钢高，是一种强度高、塑性好的中碳马氏体不锈钢。通过对零件加工过程跟踪观察，以及对比材料切削性能，可以排除刀具质量问题。分析比较后基本确定了产生质量问题的主要原因如下：

表4—1　　　　　　　45 钢和 3Cr13 不锈钢的化学成分与力学性能对比

牌号	化学成分（%）		力学性能					
	C	Cr	抗拉强度（MPa）	屈服强度（MPa）	伸长率（%）	收缩率（%）	冲击韧度（J/cm²）	硬度（HBW）
45	0.42~0.50	≤0.2	620	360	17	40	39	229
3Cr13	0.26~0.40	12~14	750	550	12	40	30	235

（1）加工硬化严重，切削抗力大

依据零件材料强度、硬度对切削加工性的影响，3Cr13 和 45 钢的切削力应该相差不太大。但是，由于 3Cr13 不锈钢经切削加工后的表面硬度比未经加工硬化的其他部分硬度高 1.4 ~ 2.2 倍。3Cr13 材料加工硬化，剪切滑移区材料的切应力增加，使总的切削抗力增大，单位切削力比正火状态 45 钢约高 25%。加工硬化越严重，加工切削力越大，切削性能越差，刀具越容易磨损。

（2）切削温度高

加工 3Cr13 材料时，经测试其切削温度比切削 45 钢高 200 ~ 300℃，主要因素：一是由于切削抗力大，消耗功率多；二是不锈钢导热性差，3Cr13 材料的导热率 [25.1 ~ 25.4 W/（m·℃）] 只有 45 钢导热率的 1/2 左右，导热系数小，切屑带走的热量少，使材料切削温度升高，切削产生的热量传导到刀具的部分所占比例比切削 45 钢时大，刀具上积聚的热量多，因而刀具也容易磨损。

（3）容易粘刀，产生积屑瘤

由于不锈钢的塑性大，有较高黏附性，特别是切削含碳量低的不锈钢，如马氏体不锈钢、奥氏体不锈钢等，更易生成积屑瘤，影响已加工表面质量，难以获得表面粗糙度值小的表面。

（4）切屑不易卷曲和折断

不锈钢属塑性材料，且高温强度高，加工时切屑不易卷曲和折断，切屑和零件接触会损伤已加工表面，解决断屑和排屑问题也是顺利加工 3Cr13 不锈钢的难点之一。

另外，毛坯的状况、润滑和切削液的选用也会影响加工质量。由此可见，在生产中不宜用加工普通碳钢的切削工艺来加工 3Cr13 不锈钢，需从刀具材料的选择、刀具几何角度的确定、切削用量的选取以及润滑等方面进行改进。

2. 切削参数的改进

（1）适当增加螺纹底孔直径

按照常规做法，一般加工 M12 碳钢螺纹前钻孔直径为 10.2 mm。在马氏体不锈钢件上攻螺纹，钻孔直径应比普通碳钢件要大一些，实际生产中，将攻螺纹前底孔直径加大到 10.4 mm。

（2）改变丝锥结构及几何参数

标准丝锥的前角常取 $\gamma_p = 5° ~ 10°$（见图 4—1），对马氏体不锈钢件攻螺纹，需要用工具磨床将丝锥的前角修磨成 $\gamma_p = 15°$，减小丝锥锥度 2φ，对丝锥进行修磨，减小锥角 φ，增加切削部分长度（$l_1 > 6$ mm，见图 4—2）。通过增加丝锥切削部分长度，使每一刀齿切削厚度减小，减轻刀具的负荷，提高丝锥耐用度。

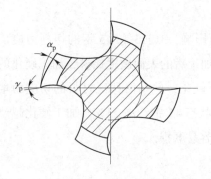

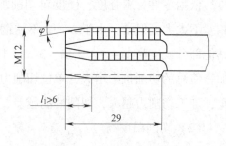

图4—1 丝锥截面   图4—2 普通机用丝锥

（3）选用合适的切削液

丝锥攻螺纹时的冷却润滑非常重要。考虑各种因素后，选择植物油（食用菜油）作为切削液，优点是改善切削过程的界面摩擦状况，刀具和切屑不易黏结，降低切削温度，减小切削力。缺点是食用菜油容易附在机床上产生结痂，清除困难。另外，还可以使用淬火黑油作切削液，效果也很好。

实施以上几项技术措施后，在加工零件时，工人更换刀具次数明显减少，特别是改进后的丝锥，用食用菜油润滑加工上百个零件后，刀齿仍未出现明显损伤，刀具耐用度和生产率提高，加工效果令人满意，零件质量稳定，精度达到图样要求，成本降低明显。

二、钛合金零件的加工实例

以航空结构件材料 TA15 为例来说明钛合金零件加工中切削用量和刀具的选择。

TA15 钛合金材料因具有质量轻、强度高、耐热、耐腐蚀、疲劳性能好等一系列优良的力学性能、物理性能，成为航空航天、核能、船舶等领域理想的结构材料之一。但由于该材料价格昂贵，难加工，尤其是铣削加工制造周期长、成本高，制约了它的应用。因此，探索 TA15 钛合金材料的高效切削加工是十分必要的。

TA15 是 α 相固熔体组成的单相合金。该合金室温强度在 930 MPa 以上，耐热性高于纯钛，组织稳定，抗氧化能力强，500～600℃下仍能保持其强度，抗蠕变能力强，但不能进行热处理强化。

1. TA15 钛合金的切削加工工艺特性

（1）摩擦因数大，导热系数低，刀尖切削温度高

钛合金导热率仅为钢的 1/4、铝的 1/14、铜的 1/25，因而散热慢，不利于热平衡。切削时产生的切削热都集中在刀尖上，使刀尖温度很高，易使刀尖很快熔化或

黏结磨损而变钝。

（2）弹性模量小

钛合金的弹性模量只有 30CrMnSi 的 56%，这说明零件的刚度差，切削时易产生弹性变形和振动，不仅影响零件的尺寸精度和表面质量，而且还影响刀具的使用寿命。同时造成已加工面的弹性回复较大，刀具后面摩擦增加导致刀具过快磨损。

（3）化学活性大

在 300℃ 以上时有强烈的吸氢、吸氧、吸氮的特性，造成加工表面易产生脆硬的化合物，切屑形成短碎片状，使刀具极易磨损。

（4）钛合金化学亲和力较强

钛合金化学亲和力较强，极易与其他金属结合。在加工中切屑与刀具的黏结现象严重，使刀具的黏结和扩散磨损加大。

2．TA15 钛合金零件切削用量和刀具参数的选择

（1）主要加工方法

钛合金零件的加工余量比较大，有的部位很薄（2～3 mm），主要配合表面的尺寸精度、形位公差要求又较高，因此每项结构件都必须按粗加工——半精加工——精加工的顺序分阶段安排工序，主要表面分阶段反复加工，减小表面残余应力，防止变形，最后达到设计图的要求。其主要的加工方法有铣削、车削、磨削、钻削、铰削、攻螺纹等。

（2）铣削用量及刀具参数的选择

钛合金结构件中大量使用铣削加工，如零件内外型面。刀具应选择具有高硬度、高抗弯强度和韧性、耐磨性好、热硬性好、工艺性好、散热性好的材料，主要为高速钢 W6Mo5Cr4V2Al、W2Mo9Cr4VCo8（M42）和硬质合金 YGS、K30、Y330。

刀具几何参数应以保证刀具强度高、刚度好、锋利为原则，长径比不能过大，并分粗、精加工两种，加工时最好采用顺铣。铣削刀具参数见表 4—2，常规加工铣削用量见表 4—3。

表 4—2　　　　　　　　　铣削刀具参数

刀具		前角 γ_0（°）	后角 α_0（°）	螺旋角 β（°）	刀尖	齿背	备注
立铣刀	粗	0～4	12～15	30～45	按需	R 形	β 大：切削平稳
	精	4～8	15～20	30～45	按需	R 形	α_0 大：切削力小，机床振动小
三面刃铣刀		3～10	12～15	—	按需	—	
端铣刀		0～5	12～15	—	—	—	主偏角：45°～75°

表 4—3 常规加工铣削用量

刀具材料	立铣刀直径 d （mm）	切削速度 v_c （m/min）	进给速度 v_f （mm/min）	切削深度 a_p （mm）	切削宽度 a_e （mm）	切削刃总长度 L （mm）	使用机床
K30	≤25	25～35	50～100	0.3～0.5	1.5	50～150	数控铣床
K30	>25	25～35	100～150	0.3～0.5	2.5	50～150	数控铣床

　　铣削时必须注入充足的水溶性油质切削液来降低刀具和工件的温度，切削液流量应不小于 5 L/min，以延长刀具的使用寿命。

　　在上述常规加工的基础上，为进一步提高铣削加工效率，在高刚度数控铣床上进行了高效铣削试验，获得较理想的效果，高效加工铣削用量见表 4—4。通过高效铣削与常规加工对比可以看出，高效铣削加工比常规加工效率提高了 2～4 倍，零件表面质量也得到较大的提高，加工周期大大缩短，制造成本相应降低。

表 4—4 高效加工铣削用量

刀具材料	立铣刀直径 d （mm）	切削速度 v_c （m/min）	进给速度 v_f （mm/min）	切削深度 a_p （mm）	切削宽度 a_e （mm）	切削刃总长度 L （mm）	使用机床
K30	≤25	40～70	200～300	0.3～0.8	1.5～5	30～40	高刚度数控铣床
K30	>25	40～120	300～400	0.3～0.8	2.5～8	30～60	高刚度数控铣床

　　（3）钻削用量及钻头的选用（见表 4—5～表 4—8）

表 4—5 不同规格钻头的螺旋角

钻头直径 D （mm）	2～6	6～18	18～50
螺旋角 β （°）	43～45	40～42	35～40

表 4—6 钻头直径与外缘处后角 α_f 的关系

钻头直径 D （mm）	2～6	6～18	18～50
外缘处后角 α_f （°）	17～20	15～18	12～15

表 4—7 钻头直径 D 与倒锥度的关系

钻头直径 D （mm）	2～6	6～18	18～50
倒锥度	0.03～0.05	0.04～0.08	0.05～0.12

　　钻削钛合金应选择具有足够的硬度、强度、韧性、耐磨性及与钛合金亲和能力低的材料，主要为 W6Mo5Cr4V2、W6Mo5Cr4V2Al、W12Cr4V4Mo、W2Mo5Cr4VCo 和 YG5、K30 等。

表 4—8　　　　　　　　　　　钻头直径 D 与切削用量的关系

钻头直径 D (mm)	主轴转速 (r/min)	进给量 f (mm/r)	钻头直径 D (mm)	主轴转速 (r/min)	进给量 f (mm/r)
≤3	650 ~ 450	0.04 ~ 0.06	10 ~ 15	250 ~ 200	0.08 ~ 0.14
3 ~ 6	450 ~ 350	0.06 ~ 0.11	15 ~ 20	180 ~ 150	0.11 ~ 0.15
6 ~ 10	350 ~ 300	0.07 ~ 0.12	20 ~ 25	120 ~ 90	0.12 ~ 0.20

钻头的几何形状选择：

1）适当增大钻头顶角，顶角范围由 118°~120° 增加到 135°~140°，其目的是增强切削部分并使切削厚度增加，改善钻削效果。

2）选择合适的螺旋角 β，β 角增大，前角也增大，切削轻快，易于排屑，转矩和轴向力也小。

3）增大钻芯厚度，以提高钻头强度。钻芯厚度一般为（0.45~0.32）D，D 为钻头直径。

4）增大钻头外缘处后角，可以使横刃锋利，改善切削性能，特别对钻芯处的钻削加工有明显改善。或者加工成倒锥形，减小棱带与孔壁的摩擦，使钻头切削时的转矩减小，提高效率。

（4）切削液选择

对钛合金件进行钻削和攻螺纹加工时最好不用含氯的切削液，避免产生有毒物质和引起氢脆。钻削浅孔时，可用电解切削液；钻削深孔时，可用 N32 机械油加煤油，也可用硫化切削液。

第二节　薄壁加工

学习目标

➤通过本节的学习使培训对象能够掌握薄壁零件的铣削加工技术。

相关知识

由于薄壁零件结构形状复杂，相对刚度较低，故加工工艺性差。采用常规方法不仅加工效率低，且易产生变形，需要后续手工打磨或校正。采用现代高速数控加工技术，使用小直径的刀具、提高主轴转速、加大进给速度及减小切削深度，就能显著地减少加工过程中的切削力和切削热量，从而大大减小零件的加工变形，提高加工效率和精度。

例如，航空结构件有大量的铝合金薄壁工件，由于铝合金材料的硬度较低，在加工、装卸、搬运过程中极易划伤、磕碰已加工表面，不能达到设计的表面粗糙度和精度的要求。铝合金材料的线膨胀系数为 0.000 023 8，是钢铁的约 2.4 倍，在相同的条件下，铝合金的加工热变形比钢铁大很多。铝合金材料的塑性、韧性好，黏附性强，切屑不易分离，切削过程中很容易黏附在切削刃上产生刀瘤，影响切屑的顺利排出，进而增大已加工表面的表面粗糙度值。同时铝的刚度较差，在加工过程中易发生变形，在垂直于走刀方向上发生强烈的切削振动。刀具与工件间的相对切削振动不仅会影响零件的加工表面质量，降低加工精度，而且还会大大降低机床、刀具的使用寿命，所以目前铝合金薄壁工件的加工需要使用高速加工工艺并配置专门的刀具和机床系统。

操作技能

对于图4—3所示的铝合金薄壁零件（壁厚 1.2～2.5 mm），在加工时既要保证加工质量和效率，又要考虑到不同加工参数的选择对铣削力的影响。结合实际情况，操作时要针对不同的切削参数（不同的主轴转速、不同的进给量、不同的轴向切深）来保证合理的切削力关系。

1. 加工时尽量采用较高的主轴转速

从切削力公式可知，高转速能极大地减小径向切削力。但是更高的转速对数控机床提出了极高的要求，也极大地提高了加工成本。实际加工中应按照经济适用原则来考虑。本实验充分利用了瑞士 MIKRON 的 XSM－600 高速铣削加工中心超高转速的特性（它的最高转速可以达到 16 000 r/min）。在它的转速范围内，从 9 000 r/min、10 000 r/min、11 000 r/min 直到 15 000 r/min 共设置七组不同转速来进行铝合金的切削实验，每组的切深固定为 0.3 mm，进给速度固定为 800 mm/min，所用刀具为四齿 ϕ8 mm 硬质合金铣刀。每组切

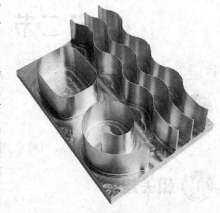

图4—3　铝合金薄壁零件

削 30 s，测定出每一组的切削力的平均值，绘制出七组数据的切削力曲线，如图
4—4 所示。可以看出，当主轴转速超过某一极限值时，切削力随着主轴转速的增
大而减小，这与高速切削的基本理论是符合的。但是这个极限值是变化的，不同的
切削材料的值是不同的，同一种材料取不同的切削参数时这个数值也是不同的。

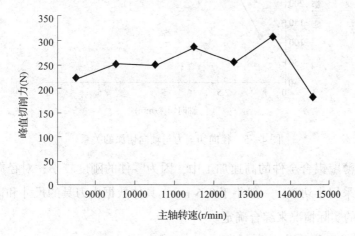

图 4—4　主轴转速和切削力的关系

2. 增大每齿进给量

增大每齿进给量，会使零件的应力增大，也就是切削力会随着进给量的增大
而增大，从而使得加工的稳定性也受到同样的影响。相反，随着进给量的增大，
切削厚度增大，力会随之增大，但切削厚度增大的同时使变形系数减小，摩擦因
数也降低，振动信号减弱。根据相关的文献和资料，高速切削铝合金的最佳切削速
度应达到 600 ~ 1 000 m/min，每齿进给量粗加工取 0.3 ~ 0.5 mm，精加工取 0.1 ~
0.2 mm。

3. 切削力和轴向切深之间需有最佳的定量关系

例如，采用 ϕ20 mm 的四齿硬质合金铣刀，由于刀具直径较大，所以采用的主轴
转速较低，为 4 000 r/min，进给速度为 600 mm/min。在上述条件下设计九组实验来
测切削力。切削深度分别为 1 mm、1.5 mm、2 mm、2.5 mm、3 mm、4 mm、5 mm、
7.5 mm、10 mm。每组切削 30 s，测出切削力，得出径向切削力与轴向切深的关
系，如图 4—5 所示。

通过对加工实验结果的分析发现，在 0 ~ 2.5 mm 内是直线，切削力正比于切
削深度。由于随着轴向切深的增加，切削面积一直都在增大，所以径向切削力一直
都保持增大趋势。当轴向切深大于 5 mm 后，径向切削力逐渐趋于平稳。对于普通
加工而言，切深远大于5 mm 的临界值。因为切削力的增大相对切深的增大变化较

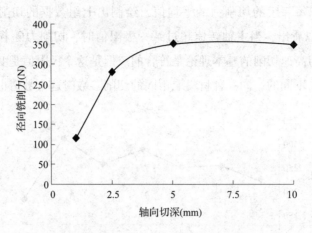

图4—5 径向切削力与轴向切深的关系

小，但是在薄壁铝合金件的高速加工中，因为零件的刚度较小，对径向切削力很敏感，所以采用小切深，一般小于0.5 mm，具体数据由刀具的尺寸和薄壁件的尺寸以及加工的实际情况来综合确定。

4. 改进薄壁零件装夹方式

合理的装夹方法可有效地减小切削力和加工变形。机床夹具是机械加工系统中起定位和约束工件作用的子系统。对于刚度较差的铝合金薄壁工件，夹紧力是引起零件变形不可忽视的一个因素。在加工中，夹紧力还与切削力之间的波动效应产生耦合作用，引起加工残余应力和工件内部残余应力的重新分布，影响工件变形，常用的操作有：

（1）根据薄壁零件的结构特点适当减小夹紧力，并通过增加夹紧部位的数量来减小零件的装夹变形，改变夹紧力（支撑力）的施加位置，使夹紧力作用于刚度高的表面。

（2）工艺凸台和工艺压板配合使用，能有效地加强辅助支撑，增大铝合金薄壁件的刚度，从而有效地减小加工振动和加工变形。

（3）合理采用真空夹具，真空夹具既可以起到支撑作用，又可以起到吸附作用，对防止、抑制切削过程中的切削振动很有帮助，是目前提高薄壁零件侧壁加工质量的有效手段。

（4）合理使用合适的填充剂来增强薄壁件的刚度。加工薄壁件的外部时，把磁流变液通入薄壁零件的内腔，通磁以后，磁流变液由液态转变为固态，增强工件刚度，阻止或减小工件加工时的变形。如果没有磁流变液可以用石膏或石蜡来做替代填充剂。

第三节 曲面加工

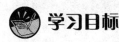 学习目标

➤通过本节的学习使培训对象能够掌握曲面零件的铣削加工技术。

 相关知识

一、多轴加工的知识

所谓多轴加工就是多坐标加工。它与普通的两坐标平面轮廓加工和点位加工、三坐标曲面加工的本质区别就是增加了旋转运动，或者说多轴加工时刀轴的姿态角度不再是固定不变的，而是根据加工需要刀轴角度随时产生变化。一般而言，当数控加工增加了旋转运动以后，刀心坐标位置计算或刀位点的坐标位置计算就会变得相对复杂。多轴加工的情况可以分为：

（1）3个直线轴和1~2个旋转轴的联动加工，这种加工被称为四轴联动或五轴联动加工。

（2）1~2个直线轴和1~2个旋转轴的联动加工。

（3）3个直线轴和3个旋转轴的联动加工，用于这种加工的机床被称为并联虚轴机床。

（4）刀轴呈现一定的姿态角度不变，3个直线轴作联动加工，这种加工称为多轴定向加工。

如图4—6所示是需要使用多轴加工的零件。图4—6a所示为单个叶片类零件，这种零件虽然也可以用三轴联动的方法加工，但是有些时候用多轴加工的效果和质量要优于三轴加工。如图4—6b所示为整体叶轮零件，这类零件通常都是用五轴联动的方式加工出来的。因为仅仅用三轴联动的方式避免不了加工中产生的干涉问题。如图4—6c所示为柱面槽或柱面凸轮类零件，这类零件有时只需要一个直线轴和一个旋转轴的联动加工就可以了。

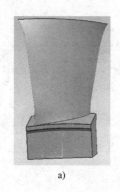
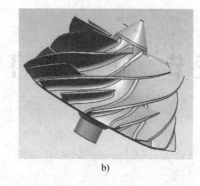

a)   b)   c)

图 4—6　多轴加工零件

a) 单个叶片类零件　b) 整体叶轮零件　c) 柱面槽或柱面凸轮类零件

二、多轴加工的目的

1. 利用多轴机床可加工更加复杂的曲面

在没有多轴加工机床时，加工复杂曲面通常是使用三轴数控铣床和球头刀，为了避免干涉，有时还需要把一个零件分解为若干个零件分别加工。但是如果利用多轴机床，就可以加工三轴数控铣床不能加工的复杂曲面，可以整体加工复杂零件，并且使得定位夹紧装置更为简单。利用多轴机床进行加工的零件有模具型面、叶片型面以及整体叶轮。

需要说明的是曲面的干涉情况有两种，一种是自身干涉，即某一直径的刀具加工某一曲面时，刀具与这个曲面产生干涉；另一种是面间干涉，即在加工某一曲面时，刀具干涉另外一个曲面。

2. 利用多轴加工可以明显提高加工质量

（1）多轴加工可使刀轴倾斜从而提高加工质量

利用 3 个直线轴联动加工曲面时，通常是采用球头刀加工。如图 4—7 所示，当球头刀加工到很平缓的区域时，由于球尖处的半径非常小，所以那里的切削线速度几乎为零，那时的切削状况基本上是刀具在挤压被切削材料而不是在做切削运动。所以那个区域的已加工表面质量很差，且加工效率很低。如果采用多轴加工方法，把球刀的刀轴倾斜一定的角度，就可以使刀具与工件接触点的切削速度明显提高，切削质量可以被改善，切削效率也可提高。

（2）多轴加工可把点接触改为线接触从而提高加工质量

从理论上讲，球头刀加工曲面时是一个球

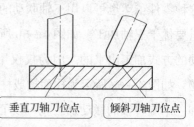

垂直刀轴刀位点　　倾斜刀轴刀位点

图 4—7　刀轴倾斜后刀位点的变化

在曲面上滚动，实际上是一个点在曲面上运动，由于球头刀的直径不大，所以切削面积不大。通常加工曲面时采用行切的方式，一行接一行地把曲面加工出来，加工后的表面会留下一行行的残留余量。为了使残留余量的高度减小，就必须减小行距。因此，为了把一个曲面加工出来，同时又要使表面质量比较好，就要加密行距才能得到比较好的效果，这样加工时间和成本就会增加。

众所周知，减小残留余量高度的另一方法是增大球头刀的半径。如果把球头刀换为立铣刀，利用立铣刀的侧刃或端刃切削曲面，就相当于使球头刀的半径无限大，那么切削后残留余量的高度就会大大减小。图4—8 所示为球头刀和立铣刀铣削曲面时的区别。如图4—9 所示为用立铣刀的端刃切削曲面的实际情况。用侧刃或端刃切削曲面的最大问题就是切削干涉，为了避免干涉，就必须使用多轴加工。换言之，立铣刀侧刃切削或端刃切削是一条直线在曲面上滚动而非一个点在曲面上移动，其优点在于可以减小残留余量的高度，可以加大切削的行距，可以提高切削效率和切削质量，但是必须多轴联动才能加工出准确的曲面。

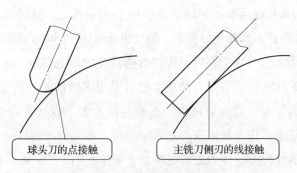

球头刀的点接触　　　　　主铣刀侧刃的线接触

图4—8　球头刀和立铣刀铣削曲面时的区别

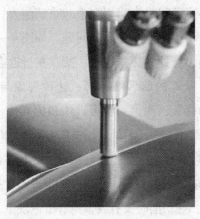

图4—9　立铣刀端刃切削曲面

（3）多轴联动加工可以提高变斜角平面的加工质量

变斜角平面在航空航天器零件中是最常见的加工特征。例如飞机机翼中的梁和肋、直升机的腹板、火箭头部整流罩内侧的加强肋板等均有变斜角平面。如图4—10所示就是一种变斜角平面零件。

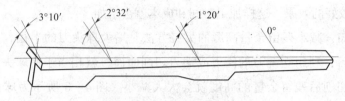

図4—10　变斜角平面零件

如果不用多轴机床加工此零件，一种方法是采用分段加工，即采用不同斜角的铣刀分别加工这个零件，或者把零件按倾斜角度分段铣削，然后在衔接处由人工修磨。另外的方法是三轴数控加工，把变斜角平面当作曲面对待，利用球头刀进行加工。这些加工方法有的是加工不精确、耗费人工，有的是加工时间长，而表面质量又很差。

如果使用多轴数控铣床加工此零件，那么就可以使用立铣刀的侧刃一次精加工出来。在加工时铣刀的轴线逐渐从0°倾斜到3°10′，或者反之。这样加工出的零件表面质量要比球头刀加工的表面质量好得多，精度也能保证，同时切削效率大大提高。

（4）多轴联动加工可以提高叶片类零件前后缘的加工质量

某些叶片类零件既可以采用三轴加工也可采用多轴加工。如果采用三轴加工，那么加工时只能加工完一面以后再加工反面。这种加工方法有两个问题不容易解决，其一是变形问题，其二是边缘不光顺的问题。零件变形是每种零件加工时都会遇到的问题，只是叶片类零件的变形更明显。如果在加工中一面一面地完成，最后精加工时零件的支撑力就会很小，零件的加工变形就会很严重。除非叶片的反面加上辅助支撑，或者采用小直径刀具高速切削来减小切削力。即使这样零件的变形现象依然存在，而且也解决不了边缘不光顺的问题。如图4—11所示，采用三轴加工时，刀具运行到边缘的最大点处就必须折返，所以在折返点产生刀痕，使得边缘很不光顺，影响加工精度。叶片的前后缘越薄，这种现象越明显。如果采用四轴加工，可以固定装夹叶片的榫头，而另一端可以用顶尖支撑，形成一夹一顶的装夹方式，如图4—12所示。如图4—13所示是五轴铣削叶片。加工时刀具环绕零件连续加工，这种加工方法可以从叶尖部逐渐加工到叶根部，叶片零件的余量不是一次单边去除，而是正反面均匀去除多余材料，因而使零件的自身刚度提高，变形量减小。同时由于是刀具环绕零件加工，使切削时没有或很少有折返现象。前后缘的表面质量和光顺程度可大大提高。

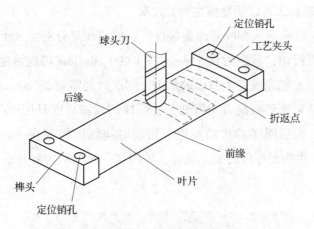

图 4—11 三轴铣削叶片

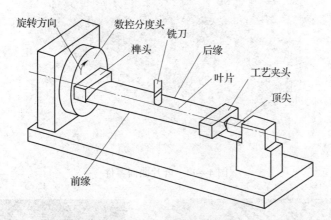

图 4—12 四轴铣削叶片

图 4—13 五轴铣削叶片

3. 利用多轴加工可以明显提高加工效率

如图 4—14 所示是一个叶片曲面零件。它的长和宽分别为 200 mm 和 70 mm。如果采用球头刀行切，行距为 0.5 mm，按 1 000 mm/min 的进给速度切削，那么至少需要 140 行才能完成整个曲面的加工。加工时间需要 28 min。但是如果采用多轴数控铣床并采用环面铣刀宽行加工，同样的残留高度只用 10 行就可完成整个曲面的加工。按照同样的进给速度，切削时间可以控制在 3 min 之内。如图 4—15 所示为叶片曲面零件的加工轨迹。如图 4—16 所示为叶片曲面零件的加工仿真。

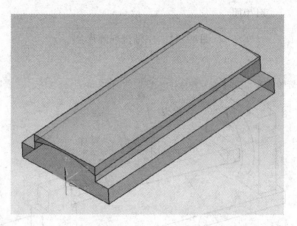

图 4—14　叶片曲面零件

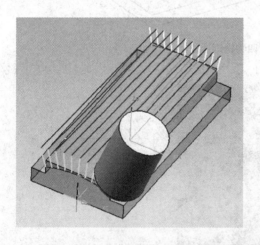

图 4—15　叶片曲面零件的加工轨迹

图 4—16　叶片曲面零件的加工仿真

多轴宽行加工的优势：充分利用切削速度、加大行距、效率高、表面质量好。目前已经用于实际生产。如图 4—17 所示是长度和宽度约为 6 m×4 m 的水轮机叶片。如图 4—18 所示是利用大直径面铣刀采用宽行加工的方法加工水轮机叶片的情景。宽行加工使得该叶片的加工效率大大提高。虽然多轴宽行加工刀具轨迹计算相对复杂，然而随着技术的日益成熟，这项技术很快就会与其他生成刀具轨迹的方法一样高效又便捷。

图4—17　水轮机叶片

图4—18　加工水轮机叶片

4. 三轴加工叶片与多轴加工叶片的比较

三轴加工叶片优点：编程简单，走刀路线比较好控制。缺点：单面加工易变形，叶片边缘质量不好控制。

多轴加工叶片优点：叶片边缘质量好，环绕加工对控制变形有利，大型叶片可以采用端刃切削提高效率，使用大直径面铣刀加工，应用宽行加工的方法，改善接触点的切削速度，可以减小刀具长度，提高刀具强度。缺点：编程复杂，装夹要求高，设备要求高。

操作技能

　　叶片类零件是压缩机和推进器的重要零件，广泛应用于航空、航天和能源等制造领域，其精度要求高，制造难度大，一直是数控加工领域具有挑战性的课题。目前通常采用多轴联动数控机床对叶片类零件进行加工。最常见的编程方法是采用通用 CAM 自动编程软件，利用软件提供的参数线、投影线、顺序铣、变轴铣等成熟的刀轨算法进行编程。本实例是利用 UG NX4.0 自动编程软件来完成某发动机叶片四轴（X、Y、Z、A 轴）编程与加工的操作过程。

一、叶片图样及截面数据

　　叶片图样如图 4—19a 所示，该叶片主要型面为单截面形状，其截面形状如图 4—19b 所示。对于叶片型面截面，叶盆和叶背截面样条曲线 A 和样条曲线 B 数据如图 4—20 所示。

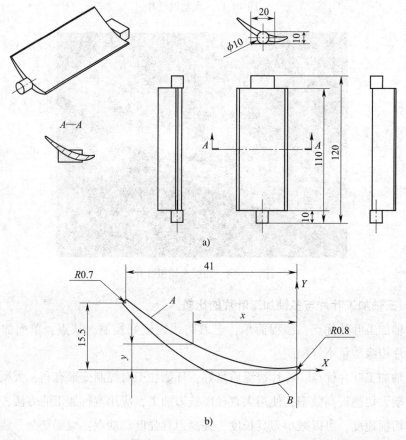

图 4—19　叶片图样和截面形状

A	x	y	A	x	y
1	-40.6	16	28	-20.3	4.1
2	-40.3	15.8	29	-19.5	3.8
3	-40.1	15.7	30	-18.7	3.4
4	-39.3	15.1	31	-17.8	3.1
5	-38.5	14.6	32	-17	2.8
6	-37.7	14.1	33	-16.2	2.5
7	-37	13.6	34	-15.4	2.2
8	-36.2	13.1	35	-14.5	2
9	-35.4	12.6	36	-13.7	1.7
10	-34.6	12.1	37	-12.9	1.5
11	-33.8	11.6	38	-12	1.3
12	-33.1	11.1	39	-11.2	1.1
13	-32.3	10.6	40	-10.3	1
14	-31.5	10.1	41	-9.5	0.8
15	-30.7	9.6	42	-8.6	0.7
16	-29.9	9.2	43	-7.8	0.6
17	-29.1	8.7	44	-6.9	0.6
18	-28.3	8.2	45	-6.1	0.5
19	-27.5	7.8	46	-5.2	0.5
20	-26.7	7.3	47	-4.4	0.5
21	-25.9	6.9	48	-3.6	0.5
22	-25.1	6.5	49	-2.7	0.6
23	-24.3	6.1	50	-1.9	0.6
24	-23.5	5.6	51	-1	0.7
25	-22.7	5.2	52	-0.5	0.8
26	-21.9	4.9	53	-0.1	0.8
27	-21.1	4.5			

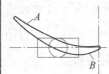

B	x	y	B	x	y
1	-41.5	15	28	-21.7	-0.4
2	-41.3	14.8	29	-20.8	-0.8
3	-41	14.5	30	-20	-1.2
4	-40.6	14.1	31	-19.1	-1.6
5	-39.8	13.4	32	-18.3	-1.9
6	-39.1	12.7	33	-17.4	-2.2
7	-38.3	12	34	-16.6	-2.5
8	-37.5	11.3	35	-15.7	-2.8
9	-36.8	10.6	36	-14.8	-3
10	-36	10	37	-13.9	-3.2
11	-35.3	9.3	38	-13.1	-3.4
12	-34.5	8.6	39	-12.2	-3.5
13	-33.7	8	40	11.3	-3.6
14	-32.9	7.3	41	-10.4	-3.6
15	-32.2	6.7	42	-9.5	-3.6
16	-31.4	6.1	43	-8.6	-3.6
17	-30.6	5.4	44	-7.8	-3.5
18	-29.8	4.8	45	-6.9	-3.4
19	-29	4.2	46	-6	-3.2
20	-28.2	3.7	47	-5.1	-3
21	-27.4	3.1	48	-4.3	-2.7
22	-26.6	2.5	49	-3.4	-2.4
23	-25.8	2	50	-2.6	-2.1
24	-25	1.5	51	-1.7	-1.7
25	-24.2	1	52	-0.9	-1.3
26	-23.3	0.5	53	-0.3	-1
27	-22.5	0.1	54	0.3	-0.7

图 4—20 叶片截面样条曲线数据

应用 UG NX4.0 的 3D 建模功能按照叶片图样和截面样条曲线数据创建的单个叶片模型，如图 4—21 所示。

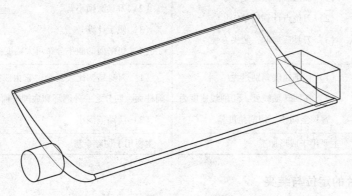

图 4—21 单个叶片模型

二、叶片程序编制和加工

1. 工艺分析

为了保证叶片的加工质量、生产率、经济性和加工可行性，可按照基准先行、先粗后精、先主后次的工艺原则。总体来说，叶片的加工可分为三个阶段：粗加工、半精加工和精加工。叶片的毛坯是二级锻件，在粗加工时，主要是去除各个表面上的大余量，去除锻造余量，加工出榫根及叶尖工艺台基准面。叶片加工的关键阶段是半精加工和精加工阶段。这两个阶段主要保证叶片的尺寸精度、形状精度、位置精度和表面粗糙度，叶片在半精加工后基本成形。精加工阶段主要是精铣和精磨。光整加工在精铣阶段的工序之间完成。因为加工技术受限，不能达到设计要求和定位精度要求，需要钳工做一定的修整。

对于本例的叶片加工，采用普通设备及辅助夹具来进行准备工序的加工，最终型面的粗、精加工采用四坐标加工中心进行。叶片毛坯为锻件，单边余量为 $2 \sim 3$ mm。首先使用普通车床加辅助夹具对圆端头进行粗、精加工，并在此端头加工中心孔；然后使用普通立式铣床加辅助夹具对方端头（定位基准）进行粗、精加工。

2. 刀具选择

叶片加工中的刀具选择比较严格。选择刀具时应考虑到毛坯材料、机床、允许的切削用量、刚度和耐用度、精度要求、加工阶段。叶片数控铣削过程中常用的刀具有球头刀和端铣刀，表4—9是这两种刀具的比较。

表4—9　　　　　　　　　　叶片加工中所用刀具比较

刀具种类	球头刀	端铣刀
优点	(1) 加工表面粗糙度值小 (2) 刀位点计算简单 (3) 刀具成本低，装夹方便	(1) 切削速度稳定，切削效率高 (2) 刀具磨损小 (3) 便于计算 (4) 包络面的曲率分布可大幅度变化
缺点	(1) 切削速度差别过大 (2) 在回转轴线处，切削线速度为零、容屑空间小、切削角度差	(1) 刀身结构比较复杂，它由三部分组成，即圆柱面、四分之一外圆环和底圆平面 (2) 活动范围小
使用范围	主要用于成形加工	主要用于切除余量

3. 叶片的定位与装夹

不同的加工阶段需要使用不同的装夹方案，以保证加工的精度与效率。由于叶片通常比较薄，刚度差，易发生加工变形，采用通用夹具生产质量和效率较低，故采用数控转台附带专用夹具进行加工。对于叶片型面，在前面辅助工序完成后借助夹具采用一夹一顶的方式，在带有旋转轴的立式加工中心上进行四轴粗、精加工。对于单个叶片型面，可以采用以上方法，在带有数控转盘的立式铣床上进行加工。考虑到叶片在数控铣床上的装夹，在工艺安排时需要设计装夹的辅助夹具。在带有转盘的立式铣床上加工叶片时，采用圆盘夹紧、尾座顶住的方式装夹。粗加工时，刀具切深相对比较大。使用这种过定位的夹具，其优点是支撑面积大，刚度好，能减小叶片受力变形，缺点是增加了叶片的夹紧变形，对定位面和基准面的精度要求高，往往需要预先进行磨削加工。

同时需要注意在设计夹具时应考虑定位基准，防止角向位置产生窜动。叶片夹具的装配图如图4—22所示。

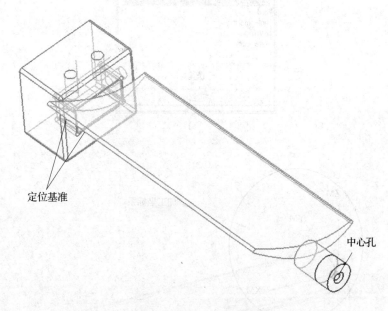

图4—22 叶片夹具的装配图

4. UG/CAM 程序编制

选择"标准"工具条中的 起始 →"加工（N）"应用模块，进入加工应用模块，弹出"加工环境"对话框，如图4—23a所示，在该对话框中的 CAM 会话配置列表中选择"cam_general"列表项，CAM 设置列表中选择"mill_multi–axis"列表项，然后选择"初始化"按钮，则系统将在初始化设置后进入 UG CAM 应用模块。

进入 UG CAM 应用模块后，工作坐标系 WCS 也相应地变化为 MCS，也就是系统首先创建了一个默认的加工坐标系 MCS，默认状态下 MCS 与 WCS 是重合的，如图 4—23b 所示。

a)

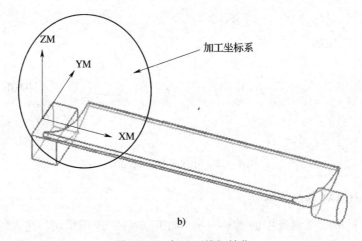

b)

图 4—23　加工环境初始化

在 CAM 应用模块下，"加工创建"工具条如图 4—24a 所示。分别选择"加工创建"工具条中各创建选项，创建相应的刀具（见图 4—24b）、父级组等，对于程序节点组，选用默认的"NC_program"。其中叶片型面粗加工和精加工使用 D10R5 的球头刀，刀具参数如图 4—24c 所示。

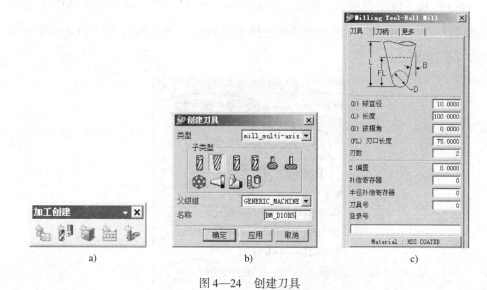

图4—24　创建刀具

通过已经生成的零件实体模型，再增加 2 mm 的厚度偏置量，即可得到加工毛坯，如图 4—25 所示。

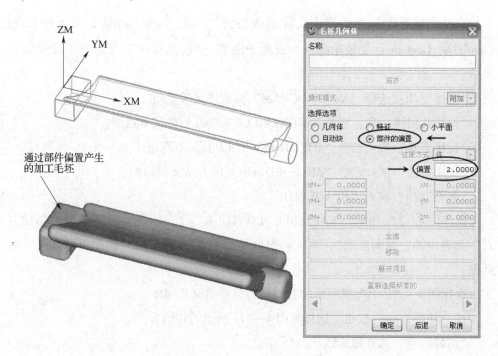

图4—25　加工毛坯的建立

通过以上操作，创建刀具轨迹的准备工作已经全部完成，下面就着手于刀具轨迹的创建。从数控加工工艺考虑，分为粗加工、精加工两个主要步骤。

在 UG 加工应用模块下，选择主菜单中的"插入（S）"→"操作（E）"命令或者选择"加工创建"工具条中的创建操作图标 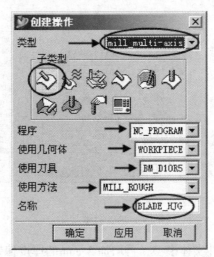，系统将打开"创建操作"对话框（见图 4—26）。

图 4—26　"创建操作"对话框

在"创建操作"对话框中，设置类型为"mill_multi–axis"，按下按钮 ⬙（Variable_Contour 可变轴轮廓铣）设置子类型。"创建操作"对话框中设置以下参数：

"程序"项：选择"NC_PROGRAM"的程序父节点组。

"使用几何体"项：选择"WORKPIECE"的几何体父节点组。

"使用刀具"项：选择"BM_D10R5"的刀具父节点组。

"使用方法"项：选择"MILL_ROUGH"的方法父节点组。

"名称"项：输入"BLADE_HJG"。

选择图 4—27a 所示"VARIABLE_CONTOUR"（变轴铣）对话框中"驱动方式"列表中的"曲面区域"，系统将弹出如图 4—27b 所示的"曲面驱动方式"对话框。

选择图 4—27c 中黑线所示的曲面作为驱动曲面几何体。

按"切削方向"按钮，选择如图 4—27c 所示的切削方向。

"图样"项：选择螺旋线。

"步进"项：选择"数字"。

"步数"项：选择"20.0000"。

"过切驱动时"项：选择"退刀"。

a)

b)

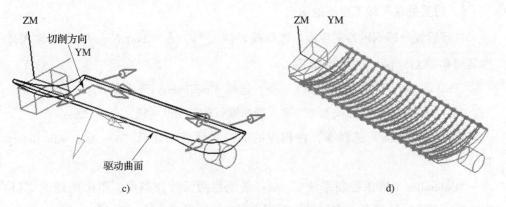

c)　　　　　　　　　　　　　　　d)

图 4—27　生成叶片的多轴加工轨迹

a）变轴铣加工的对话框　b）"曲面驱动方式"对话框

c）驱动曲面及切削方向　d）刀具轨迹的预显

"刀轴"项：选择"4轴相对于驱动体"。

"投影矢量"项：选择"垂直于驱动"。

在生成刀具轨迹之前可以选择"曲面驱动方式"对话框中的"显示驱动路径"，预先显示可能产生的刀具轨迹，如图4—27d所示。可以根据轨迹显示的状况，直接对上述参数进行重新调整。

在设置完相应的加工参数，选择图4—27a所示对话框中轨迹生成按钮🖉，生成的变轴铣粗加工刀具轨迹如图4—28a所示。粗加工刀具轨迹单边余量1.0 mm，精加工刀具轨迹单边余量0.0 mm，其仿真结果如图4—28b所示。

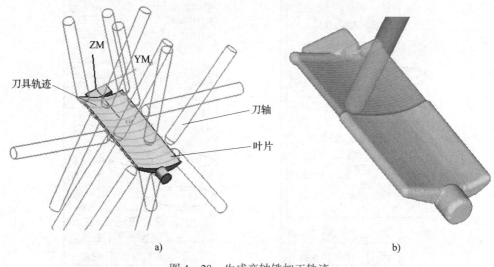

a)   b)

图4—28　生成变轴铣加工轨迹

a）变轴铣粗加工刀具轨迹　b）仿真结果

5. 后置处理与加工程序的输出

打开后置处理编辑器主界面。选择新建按钮🗋，在"Post Name"区域输入文件名"4 – AXIS_post"，设置如下：

"Post output Unit（输出单位）"项：选择"millimeters（米制）"。

"Machine Tool（机床类型）"项：选择默认的"Mill（铣）"。

单击"3 – Axis"选择条，在相应的下拉式列表中选择"4 – Axis with Rotary Table"项。

"Controller（机床控制系统）"项：系统将激活控制器库，单击出现的"LIBRARY（库）"选择条，在相应的下拉式列表中选择"siemens"项。

单击"OK"按钮，系统将弹出主编辑菜单，设置第4轴相应的参数，如图4—29所示。

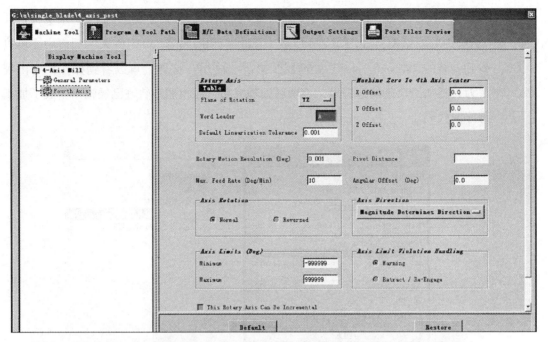

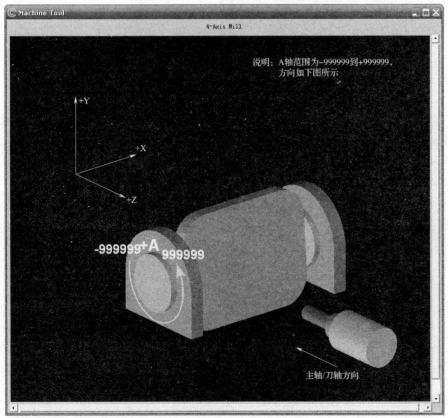

图4—29 带有旋转台的4轴机床后置设置

在 UG CAM 应用模块下，选择"加工操作"工具条中的图标⚙️，系统将打开"后处理"对话框，如图4—30所示。在此对话框中的"可用机床"列表中，可以看到安装的"4_axis_post"处理器，单击"应用"按钮，可以看到操作栏中出现了刀具粗加工轨迹勾选符号，表现后处理成功，即粗加工轨迹已经输出生成了加工程序或代码。

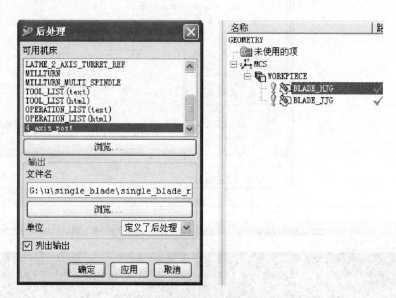

图4—30　粗加工刀具轨迹的输出

粗加工程序如下（代码采用省略写法，小数点前的零被省掉了，机床能识别此代码格式）。

```
%
N0010 G40 G17 G94 G90 G71
N0020 T00 M06
N0030 G01 X18. Y19. 466 Z – 4. 943 A5. 187 S5000 M03 M08 F250.
N0040 Y16. 319 Z – 4. 123 A2. 475
N0050 Y13. 361 Z – 2. 595 A – 3. 448
N0060 Y10. 266 Z – 1. 344 A – 9. 509
N0070 Y7. 05 Z – . 462 A – 15. 329
N0080 Y3. 744 Z. 004 A – 20. 149
N0090 Y. 387 Z. 12 A – 23. 332
N0100 Y – 2. 976 Z. 057 A – 26. 269
```

```
......
N9640  Y17. 843  Z12. 171  A18315. 905
N9650  Y19. 635  Z8. 126  A18328. 225
N9660  Y20. 523  Z3. 792  A18340. 546
N9670  Y20. 466  Z – . 632  A18352. 866
N9680  Y19. 466  Z – 4. 943  A18365. 187
N9690  M02
%
```

三、叶片的检验

对于叶片型面的检测，传统的工艺方案采用专门设计的叶片检具来进行检测。在检具上，根据叶片图样的要求，设计多个截面检测定位销孔及销柱。通过确定的不同检测截面，根据叶片截面数据设计相应的盆、背模截面样板，使用叶片型面样板对叶片形状进行对比检测。在实际检测过程中，根据透光法结合塞尺对型面进行检测。叶片检具如图4—31所示，检具的详细设计请参看本书的高级技师部分第八章第二节"专用检具设计与零件检验"部分。

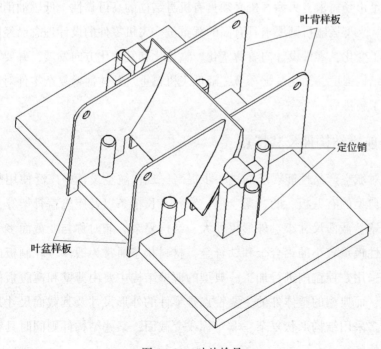

图4—31 叶片检具

四、注意事项

（1）叶片本身比较薄弱，所以加工中在选择切削用量时要注意考虑零件的变形。如果被加工的叶片比较长，可以考虑小切深大进给的切削方法，以减小切削力。

（2）叶片加工时最好采用连续的环绕加工，这种方法相对往复的环绕加工要好一些。

第四节　易变形零件的加工

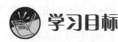

学习目标

➤通过本节的学习使培训对象能够掌握易变形零件的铣削加工技术。

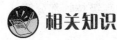

相关知识

为满足市场需求，大型客机必须具有机身结构的高可靠性、低燃油消耗率和乘坐舒适性，大型运输机则要求具有高的载重量。飞机零件的设计理念已经随着这些需求发生了变化，零件设计向着薄壁化、整体化和复杂化方向发展，并要求提高飞机的整体结构强度，简化装配环节，降低飞机自重。整体薄壁复杂零件对数控加工技术提出了新挑战。

一、航空结构件及其特点

随着对航空产品性能要求的进一步提高，现代航空设计中广泛使用整体薄壁结构件，典型的有壁板、肋、梁、框、缘条、长桁条以及座舱盖骨架等，其结构特征为薄壁、截面尺寸小、外形尺寸大、结构复杂、非对称与变截面多等。材料主要为弹性模量较小的铝合金和钛合金，材料状态通常为锻件、轧制板或预拉伸件，一般采用数控铣削进行加工。典型的薄壁结构主要由薄壁和薄腹板构成，局部刚度差，而典型的整体件的主要特点是零件的外形尺寸及其截面尺寸是多种多样的，大多采用结构形状复杂、非对称或变截面，某些结构件则同时具有薄壁件和整体件的特征。

各类航空结构件毛坯在其铸造工艺中产生了宏观内应力，并且在后期的锻造或轧制、热处理等环节中不断发展形成复杂的分布状态。毛坯需进行各种预处理（如时效处理或预拉伸处理）工艺以降低和均化其宏观内应力，但是预处理工艺并不能完全消除内应力，而且一些毛坯是锻件或者铸件，其内应力大且分布复杂，毛坯中复杂的应力分布和航空结构件加工过程中的高材料去除率、非对称去除等特点都造成航空结构件在加工过程中出现加工变形控制难的问题。航空结构件的加工变形受到毛坯状态、切削参数、装夹方案、零件和机床状态的影响，其规律难以掌握，但是作为飞机的关键部件，其变形量必须得到良好的控制。

二、航空结构件加工变形原因和表现形式

航空结构件的加工变形由多种因素引起，并具有多种形式。根据零件变形的时间、尺度、原因以及影响不同，可以将航空结构件加工变形分为两大类：结构局部变形和外形轮廓整体变形。

结构局部变形主要出现在切削加工过程中，通常表现为让刀、过切、局部弯曲等，其尺度局限在刀具与工件的接触区域附近。薄壁特征的零件由于薄壁或者薄腹板的局部刚度不足，切削过程中的切削力和切削热以及机床、刀具的刚度不足，会引起零件局部变形。结构局部变形将导致零件局部尺寸超差和形位公差超差。

外形轮廓整体变形主要表现为切削加工完成后（如卸除夹具工装后）的整体弯曲、扭曲以及零件放置过程中的伸长和缩短等，其尺度与结构件外形轮廓尺寸相当。大尺寸整体结构件加工后往往表现为外形轮廓的整体变形，主要由材料大量去除后内应力不平衡分布引起，温度变化导致的热胀冷缩和放置过程中的自然时效也是引起轮廓整体变形的重要因素。工件的热胀冷缩在一定的温度范围内是一个可逆过程，可以通过控制加工车间温度、运输温度以及装配车间温度的一致性来解决。

三、薄壁结构零件的铣削加工

1. 消除薄壁零件局部变形的思路

薄壁零件的壁厚通常为 0.5~3 mm，其局部刚度较差，在加工过程中受切削力和切削热影响较大。控制薄壁零件加工变形的主要问题在于处理好切削力和零件局部刚度的关系。降低切削力和利用零件剩余刚度是消除薄壁零件局部变形的主要途径。

薄壁加工理论研究和实际应用表明，高速切削在改善局部变形方面具有两大优势：

（1）高速切削具有较小的切削力，在加工薄壁零件时工件产生的让刀变形相应减小，易于保证零件的尺寸精度和形位精度。

（2）高速切削时，由于切削热绝大部分由切屑带走，工件温升不高，工件加工热变形很小，这对于减小薄壁件的热变形也非常有利。

应用高速切削控制薄壁零件局部变形的基本原则是协调切削力和零件剩余刚度的矛盾，在切削过程中优化加工参数，控制适当的切削力，始终保持零件具有最大的剩余刚度来抗衡切削力，可以达到控制零件加工变形量的目的。

现代加工要求加工工艺具有可预测性。航空薄壁件加工质量控制需要建立动态、静态铣削力模型，对薄壁件的加工变形进行分析，在预测其变形量的基础上设计薄壁件的铣削加工变形控制工艺。

2. 薄壁零件铣削加工变形分析

薄壁零件的结构复杂、厚度小、加工余量大、相对刚度较差、加工工艺性差，切削过程中切削力将使零件产生局部加工变形和让刀现象，其结果包括两个方面：铝合金或钛合金的弹性模量较低，在切削力较大的情况下将使壁板根部发生不可恢复的塑性变形；让刀后的弹性回弹产生壁板厚度增加的尺寸误差。由此可见，切削力是导致薄壁零件局部加工变形超差的主要因素。由于高速切削时，切削热主要被切屑带走，同时铝合金具有优良的导热性能，切削热对薄壁件局部加工变形的影响可以忽略不计。薄壁零件铣削加工时应首先详细分析切削力对加工变形的影响。在挤压作用下，刀具、切削层金属和已加工表面都会产生弹性变形和塑性变形，因此有法向力分别作用于刀具前面、后面。由于切屑和工件相对于刀具运动，因此前面、后面上都会产生摩擦力。综上所述，切削力作用下的弹性变形和塑性变形会产生抗力和摩擦阻力，可以建立铣削加工的力学模型。

3. 薄壁零件局部变形控制工艺

在采用高速切削技术降低切削力的基础上，采取优化零件剩余刚度和让刀误差补偿的措施可进一步控制薄壁零件的局部加工变形。

为了消除由于工件和刀具受力变形带来的加工精度误差，可采用刀具偏摆过切补偿工艺切除残留材料。在铣削加工时，可以通过事先的工艺试验和薄壁切削受力分析预测薄壁结构在铣削过程中的变形量。根据预测变形量使刀具进行偏摆，并将该过程进行有限元迭代分析，最终获得最优刀具偏摆量。将该刀具偏摆量纳入数控编程，使得刀具在实际切削中偏向工件偏离方向，从而克服让刀带来的壁厚变厚的现象，实现加工误差的补偿。

根据文献报道，利用上述工艺可以加工出铝合金的薄壁结构，在壁高 10 mm

的情况下，壁厚可以仅为 0.1 mm。

操作技能

航空结构件的加工实例

如图 4—32 所示是某飞机垂直尾翼部件上的零件，属于薄壁结构件，材料切除率高达 90% 左右，传统的低速加工方法变形大、产品质量不稳定和生产周期长，努力控制加工变形和提高加工效率成为难题。

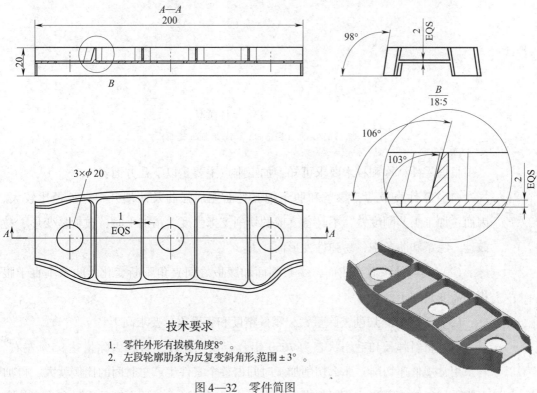

技术要求

1. 零件外形有拔模角度8°。
2. 左段轮廓肋条为反复变斜角形,范围±3°。

图 4—32 零件简图

1. 工艺分析

此零件是飞机垂直尾翼部件上的重要受力结构件，其特点是形状细长，最大外形轮廓尺寸为 1 300 mm×300 mm×40 mm。如图 4—33 所示，正面为有加强肋的栅格面（A 面），背面为无加强肋的光面（B 面）。零件上有三个通孔，内、外缘为斜度曲面，理论外形精度要求高，零件腹板、肋条、缘条厚度分别为 1 mm、1.2 mm、1.5 mm，肋条具有 ±3°变斜度特征，表面质量要求高，两端开口、无加强肋连接。

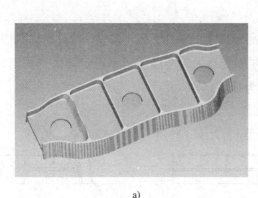
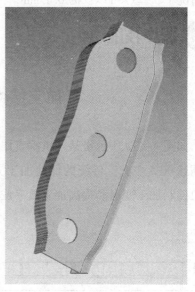

a)　　　　　　　　　　　　　　b)

图 4—33　零件模型

a）A 面（栅格面）　　b）B 面（光面）

根据零件结构和技术要求可知，加工难点主要是以下几方面：

（1）零件腹板薄，缘条和肋条细，光面无加强肋及两端开口，长径比较大。因而，加工工艺刚度差，不具备一般的切削支撑强度。精加工时，腹板易变形、易鼓动，缘条和肋条细，易弹性变形而让刀。

（2）内、外缘面为曲面，缘条侧面和腹板之间夹角不断变化，肋条垂直于腹板，需变角加工。

（3）毛坯材料切削去除量大，零件精度和表面质量要求高。

零件材料牌号和毛坯状态为 7050 铝合金预拉伸板，材料去除量达 95% 左右。若采用常规低速切削，那么切削加工时间占整个零件生产总时间的比例就大，再加上零件加工工艺刚度差，切削支撑强度低，加工变形大，那么产品质量和生产效率很难保证，故尽量减小径向切削力、应力释放和热量等因素引起的变形是关键。高速加工不但可以提高单位时间材料去除量，而且随着切削速度的提高，切削力和工件吸收的热量也随之降低，同时刀具切削的激励频率远离薄壁结构工艺系统的固有频率，因而高速机床工作平稳、振动小，能加工出极光洁、精密、刚度差，且因切削力、应力释放和热量等因素易变形的工件。基于内、外缘面为曲面，缘条和腹板之间夹角不断变化，故五轴变角加工可以完成此结构成形。综合考虑，选用

MIKRON 800U 五轴联动高速加工中心，机床参数：Heidenhain 530i 控制系统（B、C 摆轴）和 HSK 刀具系统，其 X 方向行程 ± 750 mm，Y 方向行程 $0 \sim 1\,200$ mm，Z 方向行程 $0 \sim 1\,250$ mm，B 轴转角行程 $-120° \sim -60°$，C 轴转角行程 $0° \sim 360°$，主轴功率为 55 kW，最大转矩为 120 N·m，最高线性进给速度可达 24 m/min，最高转速为 24 000 r/min。数控工艺路线安排：B 面粗、精加工→翻面→A 面粗、精加工。利用高速加工的特点优势，可以把粗、精加工工序一次装夹完成，省去了中间常规校正、时效、半精加工工序，并减少钳工工作量等，这样一来，大大缩短了零件生产周期。

根据零件结构特点和工艺路线安排，综合考虑，采用一面两孔定位，即选用腹板面和两端头通孔中心设一小尺寸工艺孔作为定位基准，同时又为夹紧点，中间大通孔中心也设定为夹紧点。工件腹板很薄、面积大，整体刚度差和支撑强度低，为此，设计了两套真空夹具，能很好地保证腹板面与夹具面完全贴合，在加工过程中，腹板始终保持刚性状态，能很好地减小工件变形，如图 4—34 所示。

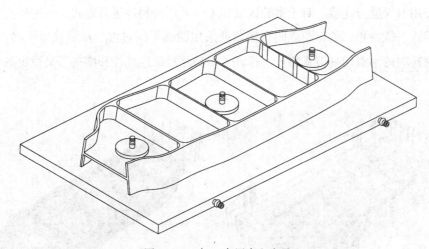

图 4—34 加工专用真空夹具

为适应高速加工，刀具必须具备可靠的安全性和高的耐用度等特点。对于加工高精度的铝合金薄壁结构件，优先考虑采用整体式硬质合金铣刀，刀具选取要求：主、副切削刃刀尖处采用圆角 $R2$，可以减少切削力集中，降低切削温度和切削刀具破损的概率，同时符合零件腹板结构尺寸要求；齿数以 $2 \sim 3$ 齿为宜，合理的短刃结构，以提高刀具刚度和强度。虽然聚晶金刚石刀具是目前最合适的刀具，但是价格高，选用无涂层整体超细晶粒 K 类硬质合金刀具完全满足加工要求，同时具有更好的经济性。粗加工时为提高效率，采用较大直径以增强刀具刚度，精加工时为减小切削阻力，进一步控制变形，连续加工内、外侧面，故选用较小直径。

高速切削铝合金，单位时间内产生大量的切屑，同时切削热80%～90%由切屑带走，5%左右被刀具吸收，10%左右传导到工件上，故需要高效的切屑处理和清除方式，降低刀具温度也很重要。采用喷油雾方式，取代常规浇注方式加切削液，可以高效地吹走切屑，显著改善加工表面质量，降低切削力、延长刀具寿命等。实践应用证明喷油雾冷却方式取得了良好冷却、刀面润滑和环保效果。

为确保加工方案的顺利实施，编写的数控程序必须符合五轴高速加工特点要求，分别从软件选型、数控程序加工策略规划、数控程序仿真验证和优化等环节着手。所以编程工具选择 UG6.0 和 VERICUT7.0 结合使用。

2．刀具轨迹策略和加工参数确定

加工效率和工件变形很大程度上受切削方式与刀具轨迹样式影响。例如，粗加工格子面型腔时，粗加工和半精加工的刀具轨迹策略如图4—35所示。选用顺铣加工，产生的热量少，径向力减小，刀具的负载降低，可获得好的表面质量。加工各型腔时，应遵循深度优先分层切削原则，有利于控制变形和支撑强度补偿，并且层间下刀用斜线进刀连接。对于型腔区域加工，采用沿斜线进刀方式。选用环切路径行切模式，能使相邻的行距之间和拐角处采用圆弧平滑过渡，从而获得少转折点、少急速转向的平滑切削刀具路径，保证了刀具路径的连续性和维持刀具稳定的切削状态。

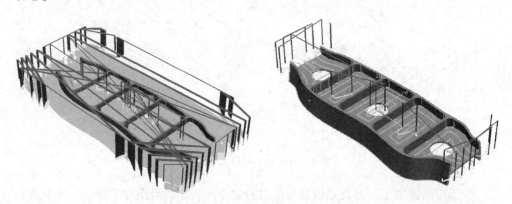

图4—35 粗加工和半精加工的刀具轨迹策略

粗加工后，要进行腹板和肋条等处的精加工，由于粗加工在拐角处所留余量不均，要重视精加工时拐角等的曲率变化，保证加工时恒定的金属去除率和稳定的切削载荷，这里采用变轴铣加工，主要利用铣刀的侧刃加工斜壁面，最后利用小直径的键槽铣刀进行清根操作，精加工刀具轨迹如图4—36所示。

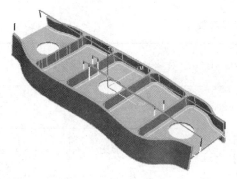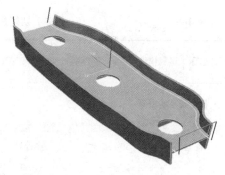

图4—36 精加工刀具轨迹

3. 切削用量选择

合理选择切削用量，不但可以确保薄壁结构件加工的高精度要求，而且是高速机床和刀具发挥效能、处于最佳工作状态的保证。因此切削用量要根据机床刚度、刀具尺寸、刀具和工件材料、加工阶段而定。切削材料为7050－T7351铝合金预拉伸板，各切削用量的选取原则如下：

（1）切削速度

采用较高的切削速度，可以提高生产率，减少在前面上形成积屑瘤，有利于切屑的排出，但是会加剧刀具的磨损。高速切削薄壁时，切削速度以切削力为基准选择，在径向切深不变的情况下，径向切削力随速度基本不变，那么可选择的切削速度范围宽。根据现有设备，可以在安全可靠的转速8 000～15 000 r/min范围内选择。

（2）进给量

加大进给量会增加切削力，这显然对薄壁加工不利，故加工时不选择大的进给量，但也不能过小。因为进给量过小时，挤压代替了切削，会产生大量切削热而加剧刀具磨损，影响加工精度，所以应选取较适中的进给量，一般可以选择在0.10～0.20 mm/z之间。

（3）轴向切深与径向切深

轴向切深与径向切深选择应从切削力的角度出发，并考虑到残余应力、切削温度等因素，采用小轴向切深、大径向切深是有利的。对于薄壁结构的侧壁加工，小轴向切深条件下显然产生的径向力小，而且在轴向切深小的情况下，一定范围内径向切深的增加并不会增大薄壁变形，这样就可以取较大的径向切深进行加工；对于薄壁结构的腹板加工，最后一刀采用大轴向切深可以提高加工系统刚度，以减小腹板变形起鼓。通常情况下，轴向切深可选择为1～5 mm，径向切深可选择为（0.5～0.9）D，见表4—10。

表 4—10　　　　　　　　　　切削用量参考表

零件名称	尾翼构件	零件图号	VT – DZ – 1		夹具名称		真空吸盘

机床及系统型号		MIKRON 800 U/Heidenhain 530i 数控铣床					

工件材料	7050 – T7351	热处理	人工时效	验证	××××

序号	工序内容	切削用量				刀具		
		进给速度 v_f（mm/min）	主轴转速 n（r/min）	切削深度 a_p（mm）	切削宽度 a_e（mm）	编号	名称	余量（mm）
1	B 面粗加工	6 500	12 000	3	8	01	$\phi20r2$	2
2	B 面精加工	6 500	12 000	2	8	01	$\phi20r2$	0
3	A 面粗加工	6 500	12 000	3	8	01	$\phi20r2$	2
4	A 面半精加工	7 500	14 000	1.8	10	01，02	$\phi20r2$，$\phi10r2$	1.8
5	A 面精加工	4 500	10 000	0.2	5	03，04	$\phi6.3$、$\phi2.5$ 键槽铣刀	0
						共　　页	第　　页	

4. 仿真模拟和优化程序

尽管编程软件自带仿真模拟功能，但它只是刀具轨迹路径模拟，而不是数控程序代码模拟。尤其对于五轴高速加工，仿真模拟非常必要，因为五轴切削加工的后置处理程序配置是关键，例如同一个刀轴矢量角度位置相同（X、Y、Z 三个轴的分矢量相同），若根据不同的角度算法会得到不同的后置处理摆角结果，也就是说最终的刀轴矢量摆角方位相同，但是中间过渡的旋转方向不同，所以可能会有个别刀具轨迹位置与工件结构发生干涉，由于刀轴矢量角度方位急剧变化，故在拐角处经常发生，这些不合理的结果需要更改。

基于以上原因，后置处理的加工程序可能会有一些意想不到的问题出现。高速加工切削速度高和进给快，为确保安全和切削状态更稳定合理，通常先进行试切。以前的试切方法，如走空刀、切削泡沫和木材等，这些方法费时费力，最危险的是有些潜在问题和干涉现象不能发现。在这里采用专业的数控仿真模拟软件 VERI-CUT（见图 4—37），在软件里按照真实机床运动结构关系及数控系统机理建立虚拟机床和配置数控系统，可以动态实时逼真地仿真模拟机床切削工件的全过程，这样可更精确地模拟验证零件加工结果及切削过程状态。最后，对加工结果进行测量分析和进一步优化加工程序，及时发现错误并纠正，以避免错误在实际生产中出现，造成重大损失。

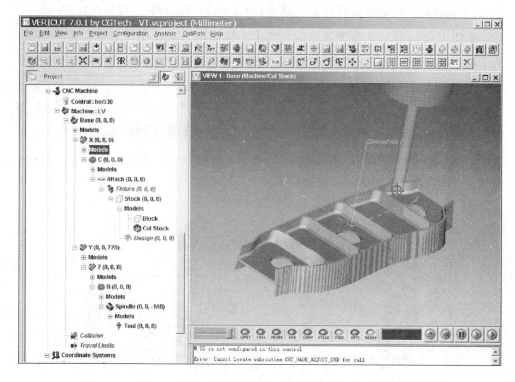

图4—37　VERICUT 的仿真界面

第五节　精密零件的检验

 **学习目标**

➤通过本节的学习使培训对象能够了解精密零件的检验方法。

 **相关知识**

一、角度精密检测——正弦规及其使用

正弦规是根据正弦函数原理，利用间接法测量角度的量具。用正弦规可以测量

内外锥体的锥度、样板的角度、孔中心线与平面之间的夹角等，是平面角测量中常用的量具之一。正弦规测量精度较高，如中心距为 100 mm 的正弦规，在测量小于 15°的平面角时，测量误差只有 5″；测量 15°～30°的平面角时，误差只有 7″。

如图 4—38a 所示为宽型正弦规。它由主体和两个直径相等的精密圆柱组成。为了便于固定工件，在主体端面和侧面分别装有前挡板和侧挡板。两个精密圆柱的中心距 L 要求很精确，中心距有 100 mm 和 200 mm 两种规格。

用正弦规测量工件，应在精密平板上进行。将正弦规放在平板上，其中一个圆柱与平板接触，另一个圆柱用量块组垫至工件表面的上素线与平板平行，如图 4—38b 所示。这时可用指示表沿工件上素线移动进行读数，如读数没有变化，就表示锥体工件的圆锥角正好等于正弦规与平板之间的夹角。

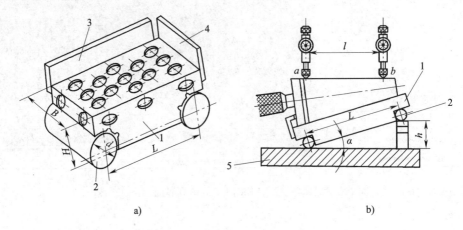

a)　　　　　　　　　　　　　　b)

图 4—38　正弦规的原理及用法

a）宽型正弦规　b）正弦规的工作原理

1—主体　2—精密圆柱　3—侧挡板　4—前挡板　5—精密平板

根据所垫量块组的高度 h 和正弦规中心距 L，用以下公式可计算出圆锥角 α。

$$\sin\alpha = \frac{h}{L}$$

式中　α——被测工件圆锥角（°）；

　　　L——正弦规的中心距，mm；

　　　h——所垫量块组的高度，mm。

例如，已知正弦规中心距 $L = 200$ mm，所垫量块组高度 $h = 20$ mm，就可计算出被测角度 α 为

$$\sin\alpha = \frac{h}{L} = \frac{20}{200} = 0.1$$

二、箱体高精度孔系的质量保证方法

对非回转体类零件，如各种机匣、箱体、壳体、盖盘类零件上的孔的加工，从工艺的合理性、经济性来看，小孔一般采用钻、扩、铰等，中等尺寸以上的孔，镗削加工是最主要的加工方法。镗孔加工在机械加工中占有相当大的比例，被加工零件种类繁多、形状各异，且都是处于具有重要功能和作用的部位，这些孔的加工要求一般较高，往往需要精镗才能达到相应的精度要求。

因此，镗孔加工的精度保证方法具有非常重要的意义，近年来我国一些企业从欧美等国引进了镗孔误差测量和补偿系统，用于气缸体缸孔、连杆大头孔等的加工。镗孔加工尺寸误差预测补偿系统是根据工件的加工尺寸变化来控制镗刀的补偿量，使工件的尺寸保持在稳定的精度范围内。它由三大部分组成：镗孔加工在线测量系统、镗孔刀具微量补偿装置、镗孔刀具补偿控制系统（包含预测模型）。

1．镗孔加工在线测量系统

对于大批量生产的镗孔加工工件孔径的在线测量，由于其应用广泛和生产实际的需要，国内外很多公司开展了这方面的研究。孔径在线测量仪按测量原理分为电感式量仪和气动式量仪（见图 4—39）。比较电感式量仪和气动式量仪，就测量精度而言，电感式量仪比气动式量仪具有更高的测量精度，但气动式量仪具有更好的抗干扰能力，并且是非接触式测量，而且气流能吹干净测量区的切削液和切屑，这对于在线测量而言是一个非常显著的优点。但气动式量仪的测量范围不能太大，否则会影响测量精度。

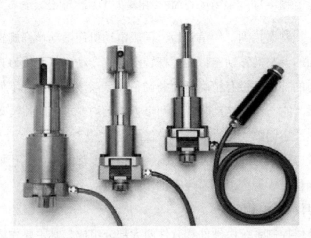

图 4—39　气动式量仪

2. 镗孔刀具微量补偿装置

镗孔刀具微量补偿装置是实施补偿的执行机构，微量补偿是刀具补偿系统中非常关键的一个环节。刀具的磨损、机械部件的热变形等系统误差均是微米级的，能否达到补偿控制效果关键在于该装置的性能和精度。多年来，国外对镗孔刀具微量补偿装置进行了大量的研究，已形成了一些较为成熟、完善的定型产品。

镗孔刀具微量补偿装置是镗孔加工尺寸误差预测补偿系统的执行机构，是系统的关键部件。

如图4—40所示为瑞典SANDVIK公司研制开发的AUTO – COMP专用镗孔刀具微量补偿系统，该系统由倾斜器、控制器和TM2000控制单元及附件组成。采用模块化设计，可以安装在大多数机床上，用于精镗、半精镗、阶梯孔等的加工和补偿，最小补偿量可达到1 μm。这是目前应用最为广泛的系统。

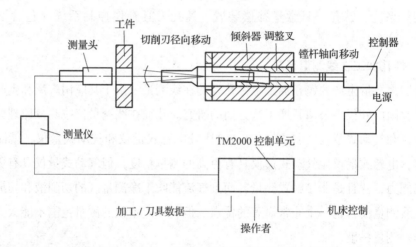

图4—40　AUTO – COMP专用镗孔刀具微量补偿系统

工作原理：控制器接到补偿信号后，伺服电动机使微动丝杆旋转，控制倾斜器内带有精确斜面的调整叉移动，带动镗杆转动装置转动，从而使刀具径向微动，实现正反两个方向的补偿。带有精确斜面的调整叉是该装置的关键零件，是影响补偿精度的主要因素。它与镗杆转动装置在两个方向上均要求无间隙滑动连接，长期使用后会由于磨损产生间隙，将直接影响补偿精度。

该补偿装置应用较为广泛，补偿范围、补偿精度都能满足镗孔加工的要求。缺点是关键零件调整叉容易磨损，需经常维修或更换，费用较高。

3. 镗孔刀具补偿控制系统

镗孔刀具补偿控制系统由硬件和软件两大部分组成，其主要作用是对测量的信号进行处理，并建立数学模型对误差进行预测，提供误差补偿量，控制电气系统通过执行机构实施补偿。

硬件系统主要是指计算机控制系统、PLC 和驱动系统等，由于多年来计算机技术、数控技术的发展，已有大批成熟的产品可供选用，这些产品均能较好地满足系统对硬件的要求。

计算机控制系统由伺服补偿系统、自动检测系统和上位工控机及一些相关的低压电器组成。伺服补偿系统采用步进电动机来驱动镗孔工位的补偿机构。另外，还包括一些接近开关等辅助装置。自动检测系统测出精镗孔的尺寸误差，再由补偿系统对误差进行补偿。上位监控计算机采用工业控制计算机，其主要功能是对数据进行记录和处理，根据建立的误差预测模型对误差进行预测，并作出补偿的控制策略。各部分之间用西门子 S7 – 200 PLC 进行协调，与上位机、在线测量系统及线上PLC 交换数据，发出动作指令。计算机控制系统框图如图 4—41 所示。

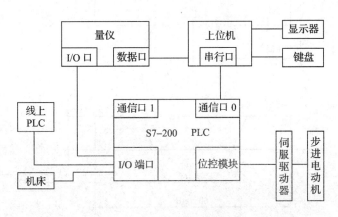

图 4—41 计算机控制系统框图

对于软件来说，最主要是建立镗孔加工尺寸误差的预测模型，它是补偿系统的核心。如何精确地建立镗孔加工系统的误差模型是实现高精度误差补偿的关键技术之一。

根据已加工的工件所测得的信息来控制加工过程，使以后的工件在加工时不超过所要求的尺寸公差或达到最高精度的要求，称为自动补偿。这种根据前面的工件信息来估计以后的工件加工状态并进行控制的问题，其实质就是控制理论中的预测问题。预测问题的关键在于如何建立一个预测模型，把由已加工件所观测的信息作为输入（包括已加工工件尺寸和测量误差），其输出为对未来的某一时刻的工件实际尺寸的预测（估计）值。把这个预测（估计）值与给定的或技术上要求的尺寸精度相比较，根据预先确定的补偿原则发出信号进行调整，用以保证后面工件的加工精度。

 **操作技能**

精密零件检验实例——用正弦规测量零件对称斜面

如图4—42所示是一个需要铣削加工的零件图，使用正确的测量技术是保证其加工精度的重要手段。

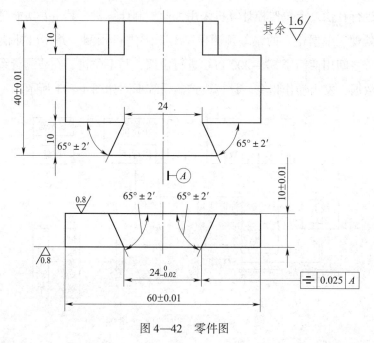

图4—42　零件图

其俯视图的尺寸 $24_{-0.02}^{0}$ mm 及对称度 0.025 mm 是此工件加工的一个难点。由图样可知，此项要求控制的是两斜面的位置和对称度，即将两斜面控制在规定的位置并保证其对称度能满足此项要求，很明显很难用一般的测量工具来测量和保证其精度。在此件的加工过程中需采用正弦规、量块、$\phi 30$ mm 检验棒和杠杆百分表配合使用，具体操作如下：

（1）计算出正弦规圆柱下所垫量块的高度 h 并调整好正弦规。

$$h = L\sin\alpha$$

式中　L——正弦规长度尺寸，mm；

　　　$\sin\alpha$——被测角度正弦值。

（2）将 $\phi 30$ mm 检验棒安放在正弦规上，用杠杆百分表和量块测出检验棒最高点的尺寸，然后计算出此角度下正弦规底角点 I 的高度（见图4—43）。

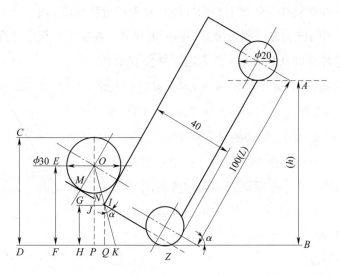

图 4—43 正弦规图

图中已知：∠QIZ = α（α 为被测角度）

$\overline{CD}$ 为 φ30 mm 检验棒最高点的尺寸（用杠杆百分表和量块测出）

可知：在直角三角形 △JIN 中，∠JIN = 90° − α

在直角三角形 △MIO 中，∠MIO = 45°，$\overline{OI} = \overline{OM}/\sin 45° = 15/\sin 45° = 21.21\,(\text{mm})$

所以：∠JIO = ∠JIN + ∠MIO = 135° − α

在直角三角形 △OJI 中，$\overline{OJ} = \sin\angle JIO \times \overline{OI} = \sin(135° − α) \times 21.21$

可求：$\overline{GH} = \overline{JP} = \overline{CD} − 15 − \overline{OJ}$，即正弦规底角点的高度为 $\overline{CD} − 15 − \overline{OJ}$

（3）计算出工件斜面到工件顶角 A 的尺寸（见图 4—44）。

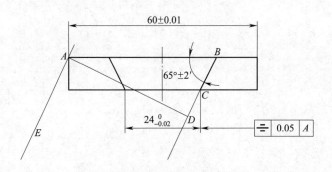

图 4—44 斜面计算

由图可知：$\overline{AB} = \dfrac{60}{2} + \dfrac{24}{2} + \overline{BC} \times \cos\angle ABC$，∠ABC = 65°

作 AD⊥BC 交其延长线于 D 点，在直角三角形 △ABD 中：$\overline{AD} = \sin\angle ABC \times \overline{AB}$

（4）将工件安放在正弦规上，用杠杆百分表和量块测出其中一个斜面的尺寸，然后翻转工件用同样的方法测量出另一斜面的尺寸，在加工过程中注意使两斜面的尺寸差控制在对称度 0.025 mm 范围内，并使斜面的尺寸控制在其规定范围内，即 $\overline{LN} = \overline{LM} + \overline{MN}$（见图 4—45）。图中 $\overline{MN}$ 的值为图 4—43 中已求 $\overline{GH}$ 的尺寸，$\overline{LM}$ 的值为图 4—44 中已求 $\overline{AD}$ 的尺寸。

综上所述，采用正弦规、量块、检验棒和杠杆百分表配合使用的方法，在保证两斜面位置的同时又保证了其对称度，也就保证了尺寸 $24_{-0.02}^{0}$ mm 的要求，又确保了其对称度 0.025 mm 的要求，是达到斜面尺寸和精度要求的最佳方法。

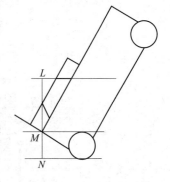

图 4—45　斜面测量

第五章

数控铣床的维护与精度检验

第一节　数控铣床的维修

 学习目标

▷通过本节的学习使培训对象能够了解数控铣床的维修技术。

▷通过本节的学习使培训对象能够了解数控系统的报警信息。

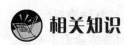 **相关知识**

一、数控铣床常见机械故障

1．主轴部件常见故障

主轴是影响机床加工精度的主要部件，主轴的回转精度影响工件的加工精度，功率与回转速度影响加工效率，自动变速、准停和换刀等影响机床的自动化程序。其常见故障包括：

（1）加工精度达不到要求

机床在运输过程中受到冲击；安装不牢固、安装精度低或有变化、切削振动大；主轴箱和床身连接螺钉松动；轴承预紧力不够、游隙过大；轴承预紧螺母松动，使主轴窜动；轴承拉毛或损坏。

（2）主轴箱噪声大

齿轮啮合间隙不均匀或严重损伤，轴承损坏或传动轴弯曲，传动带长度不一或过松，齿轮精度差，润滑不良等。

（3）齿轮和轴承损坏

变挡压力过大，齿轮受冲击产生破损；变挡机构损坏或固定销脱落；轴承预紧力过大或无润滑。

（4）主轴无变速

电气变挡信号未输出，压力不够，变挡液压缸研损或卡死，变挡电磁阀卡死，变挡液压缸拨叉脱落，变挡液压缸窜油或内泄，变挡复合开关失灵。

（5）主轴不转动

主轴转动指令未输出，保护开关没有压合或失灵，卡盘未夹紧工件，变挡复合开关损坏，变挡电磁阀体内泄漏。

（6）主轴发热

主轴轴承预紧力过大，轴承研伤或损坏，润滑油脏或有杂质，液压变速时齿轮推不到位，主轴箱内拨叉磨损。

2. 滚珠丝杠副常见故障

（1）加工件表面粗糙度值大

导轨的润滑油不足，致使溜板爬行；滚珠丝杠副局部拉毛或研损；丝杠轴承损坏，运动不平稳；伺服电动机未调整好，增益过大。

（2）反向误差大，加工精度不稳定

丝杠轴联轴器锥套松动；丝杠轴滑板配合压板过紧或过松；丝杠轴滑板配合楔铁过紧或过松；滚珠丝杠预紧力过大或过小；滚珠丝杠螺母端面与结合面不垂直，结合过松；滚珠丝杠支座轴承预紧力过大或过小；滚珠丝杠制造误差大或轴向窜动；润滑油不足或没有；其他机械干涉。

（3）滚珠丝杠在运转中转矩过大

滑板配合压板过紧或研损；滚珠丝杠螺母反向器坏，滚珠丝杠卡死或轴端螺母预紧力过大；丝杠研损；伺服电动机与滚珠丝杠连接不同轴；无润滑油；超程开关失灵造成机械故障；伺服电动机过热报警。

（4）丝杠螺母润滑不良

分油器不分油，油管堵塞。

（5）滚珠丝杠副噪声

滚珠丝杠轴承压盖压合不良，滚珠丝杠润滑不良，滚珠破损，电动机与滚珠丝杠联轴器松动。

二、数控系统常见报警信息

FANUC 0i 系列数控系统报警信息见表5—1。

表5—1　　　　　　　　　　FANUC i 系列数控系统报警信息

报警号	缩写	内容
000# ~ 253#	PROGRAM、EDIT	编程/操作错误
300# ~ 309#	APC	绝对位置编码器故障
360# ~ 387#	SPC	串行编码器故障
400# ~ 468#	SV	伺服驱动报警1
600# ~ 607#	SV – 2	伺服驱动报警2
500# ~ 515#	OVT	超程报警
700# ~ 704#	OH	过热报警
740# ~ 742#	RIGID TAP	刚性攻螺纹报警
749# ~ 784#	SPINDLE	主轴报警
900# ~ 976#	SYSTEM	系统报警
1000# ~ 1999#	PMC ALM	PMC 报警（机床停止运行）
2000# ~ 2999#	PMC ALM	PMC 报警（信息提示）
3000# ~ 3999#	MACRO PRO ALM	宏程序报警
5010# ~ 5453#	PROGRAM、EDIT	编程/操作错误

000# ~ 253#区间的报警一般与设备故障关系不大，000#报警说明重要的参数已经被修改。

如果修改了存储空间重新分配的参数，还会出现提示信息，如图5—1所示。

```
YOU SET THE PARAMEIER No.99xx.xx
THE FOLLOWING DATA WILL BE CLEARED.
*PART PROGRAM MEMORY
PLEASE PRESS<DELETE>OR<CAN>KEY.
<DELETE>:CLEAR ALL DATA
```

图5—1　存储器分配提示信息

出现上述提示信息后，说明如果继续操作的话，存储区将重新分配空间，原程序区的内容将被清除，原宏程序将丢失，请用户慎重操作。如果按 DELETE 键，程序区将被清除，存储区重新分配；如果按 CAN 键，取消操作，参数修改无效。

在 000# ~ 253# 报警区间内，与设备硬件相关的报警主要集中于 RS232C 接口报警 85# ~ 87# 报警和 90# 报警。85# ~ 87# 报警产生的主要原因是与 CNC 接口故障、计算机接口故障以及通信软件适配、通信参数设置错误等。

90# 报警产生的原因是系统返回零点时找不到栅格信号。

 **操作技能**

数控铣床机械故障维修实例

实例1：机床强力切削时剧烈抖动。

故障现象：XK5040 - 1 型数控铣床进行框架零件强力铣削时，Y 轴产生剧烈抖动，向正方向运动时尤为明显，向负方向运行时抖动减小。

故障分析与排除：

（1）伺服电动机电刷损坏，编码器进油，伺服电动机内部进油，电动机磁钢脱落。将电动机和丝杠脱开空运行，电动机运转正常，没有抖动。

（2）丝杠轴承损坏或丝杠螺母松动，间隙过大。检查轴承完好，螺母重新紧固，故障仍未排除。

（3）丝杠螺母间隙过大，螺母座和结合面的定位销及紧固螺钉松动，造成单方向抖动。重新紧固螺母座后，故障消失。

实例2：FANUC 系统加工中心采用相对位置编码器作位置反馈元件，回原点时出错。

故障现象：机床 Y 轴自动返回原点时，CRT 显示 1010（紧急停止报警）。

故障分析与排除：正常情况下，按下 Y 轴正方向回原点开关，进给轴首先以设定快速进给速度移动，当固定碰块压到减速开关，进给轴再以参数设定的减速进给速度移动，到减速开关离开碰块，开关释放，NC 系统接收到减速开关释放后编码器第一个栅格信号，机床停止，原点被系统确认。根据原理，用机床自诊断参数（17.5）Y 轴返回基准点信号检查开关状态。用手轮以 10% 倍率使 Y 轴正方向移动，当减速碰块压向减速开关时，诊断参数 17.5 由 1 变为 0，减速开关移动离开碰块释放后，开关闭合，诊断参数 17.5 应由 0 再变为 1，而这时参数 17.5 不变。据此分析，怀疑是减速开关故障，用万用表检查开关常闭触点，没有发现异常。拆下减速碰块，再用手轮反复移动 Y 轴，多次观察，发现 Y 轴移动到正方向行程极限位置时，诊断参数 17.5 由 1 变为 0，无碰块压到开关，参数怎么会发生变化？分析可能是减速开关电缆线有断裂处。经查发现电缆线中间部断裂，造成 Y 轴移动到正方向行程极限位置时，断裂处电缆断路，返回基准点减速信号 17.5 输出错误，自动原点复位时，NC 系统无法确定编码器产生的第一个栅格信号，Y 轴继续移动，直至行程开关压向碰块，机床出现紧急停止报警。更换电缆线后，执行原点复位操作，机床正常。

实例 3：FANUC 系统加工中心采用绝对位置编码器作位置反馈元件，回原点时出错。

故障现象：更换 X 轴进给电动机端电源接头（因接头进水短路），需拆下编码器反馈电缆接头增大维修空间，维修后开机回原点，机床 X 轴机械位置错误。

故障分析与排除：因使用绝对位置编码器，断开编码器与轴控制板之间的电缆线，要重新建立机械坐标原点，具体步骤如下：

（1）将主轴上安装一刀具（中心钻），移动 X 轴使工作台 X 轴方向中心与主轴上刀具中心位置对正。

（2）按下参数键，选择参数界面，将 PWE 设为 1，然后修改系统参数，将参数 76.1 设为 1（无碰块原点设定机能），再把参数 21.0 设为 1（使用绝对位置检出器），这时 CRT 出现 000AL 报警，要求必须关机。

（3）重新开机，CRT 出现 310 报警（X 轴必须执行手动原点复位）。

（4）将 X 轴相对坐标值清零，然后 X 轴向正方向移动总行程的 1/2，即 230 mm（X 轴总行程为 460 mm），此位置即为原点位置。

（5）将参数 22.0 改为 1（使用绝对位置检出器设定原位置），然后关机。

（6）开机做机床机械坐标原点复位，原点设定操作完成。

实例 4：在 XK5040-1 型数控铣床上加工孔时表面质量太差。

故障现象：零件孔加工表面质量很差，无法使用。

故障原因分析及排除：孔的表面质量不佳主要原因是主轴轴承的精度降低或间隙增大。主轴的轴承是一对双联（背对背）向心推力球轴承，当主轴温升过高或主轴旋转精度过差时，应调整轴承的预加载荷。卸下主轴下面的盖板，松开调整螺母的螺钉，当轴承间隙过大，旋转精度不高时，向右顺时针旋紧螺母，使轴向间隙缩小；主轴升温过高时，向左逆时针旋松螺母，使其轴向间隙放大。调好后，将紧固螺钉均匀拧紧，经几次调试，主轴恢复了精度，加工的孔也达到了表面质量的要求。

第二节　数控铣床故障诊断和排除

 学习目标

➤通过本节的学习，使培训对象能够了解数控铣床液压元件和气压元件常见故障的维修技术。

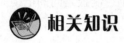 **相关知识**

数控铣床液压元件常见故障维修方法

数控铣床液压传动系统的主要驱动对象有液压卡盘、静压导轨、液压拨叉、变速液压缸、主轴箱的液压平衡装置、液压驱动机械手和主轴上的松刀液压缸、回转工作台的夹紧装置等。

1. 液压传动系统的维护

（1）控制油液污染

保持油液清洁是确保液压系统正常工作的重要措施。据统计，液压系统的故障有80%是由于油液污染引发的，油液污染还会加速液压元件的磨损。

（2）控制液压系统油液的温升

这是减少能源消耗、提高系统效率的一个重要环节。一台机床的液压系统，若油温变化范围大，其后果是影响液压泵的吸油能力及容积效率；系统工作不正常，压力、速度不稳定，动作不可靠；液压元件内外泄漏增加；加速油液的氧化变质。

（3）控制液压系统的泄漏

泄漏和吸空是液压系统常见的故障。要控制泄漏，第一要提高液压元件的加工和装配质量以及管道系统的安装质量；第二要提高密封件的质量，并注意密封件的安装使用与定期更换；第三是加强日常维护。

（4）防止液压系统振动与噪声

振动影响液压元件的性能，使螺钉松动、管接头松脱，从而引起漏油，因此要防止和排除振动现象。

（5）严格执行日常检查制度

液压系统故障存在着隐蔽性、可变性和难以判断性。因此，应对液压系统的工作状态进行检查，把可能产生的故障现象记录在日常检修卡上，并将故障消除在萌芽状态，以减少故障的发生。

（6）严格执行定期紧固、清洗、过滤和更换制度

液压设备在工作过程中，由于冲击、振动、磨损和污染等因素，会使管件松动、金属件和密封件磨损，因此必须对液压元件及油箱等实行定期清洗和维修，对油液、密封件执行定期更换制度。

2. 液压传动系统的故障诊断及排除

液压系统在设备调试阶段的故障率较高，存在的问题较复杂，其故障特征是机械、电气控制、液压元件等问题交织在一起。常见液压传动系统的故障诊断及排除见表5—2。

表5—2 常见液压传动系统的故障诊断及排除

序号	故障现象	故障原因	排除方法
1	液压泵不供油或流量不足	压力调节弹簧过松	将压力调节螺钉顺时针转动使弹簧压缩，启动液压泵，调整压力
		流量调节螺钉调节不当，定子偏心方向相反	按逆时针方向逐步转动流量调节螺钉
		液压泵转速太低	将转速控制在最低转速以上
		液压泵转向相反	调整液压泵转向
		油的黏度过高，使叶片运动不灵活	采用规定牌号的油
		油量不足，吸油管露出油面吸入空气	加油到规定位置，使吸油管没入油面下
		吸油管堵塞	清除堵塞物
		进油口漏气	修理或更换密封件
		叶片在转子槽内卡死	拆开液压泵修理，清除毛刺，重新装配

序号	故障现象	故障原因	排除方法
2	液压泵有异常噪声或压力下降	油量不足，滤油器露出油面	加油到规定位置
		吸油管吸入空气	找出泄漏部位，修理或更换零件
		回油管高出油面，空气进入油池	保证回油管伸入最低油面下一定深度
		进油口滤油器容量不足	更换滤油器，进油容量应是液压泵最大排量的2倍以上
		滤油器局部堵塞	清洗滤油器
		液压泵转速过高或液压泵装反	设定合理转速或按规定方向安装转子
		液压泵与电动机连接同轴度超差	保证同轴度为0.05 mm
		定子和叶片磨损，轴承和轴损坏	更换零件
		泵与其他机械产生共振	更换缓冲胶垫
3	液压泵发热、油温过高	液压泵工作压力超载	按额定压力工作
		吸油管和系统回油管距离太近	调整油管，使工作后的油不直接进入液压泵
		油箱油量不足	按规定加油
		摩擦引起机械损失，泄漏引起容积损失	检查或更换零件及密封圈
		压力过高	油的黏度过大，按规定更换
4	系统及工作压力低，运动部件爬行	泄漏	检查漏油部件，修理或更换
			检查是否有高压腔向低压腔的内泄
			修理或更换泄漏的管件、接头、阀体
5	尾座顶不紧或不运动	压力不足	用压力表检查
		液压缸活塞拉毛或研损	更换或维修
		密封圈损坏	更换密封圈
		液压阀断线或卡死	清洗、更换阀体或重新接线
		套筒研损	修理研磨部件
6	导轨润滑不良	分油器堵塞	更换分油器
		油管破裂或渗漏	修理或更换油管
		没有气体动力源	检查气动柱塞泵是否堵塞，动作是否灵活
		油路堵塞	清除污物，使油路畅通
7	滚珠丝杠润滑不良	分油管不分油	检查定量分油器
		油管堵塞	清除污物，使油路畅通

操作技能

液压系统、气压系统常见故障及处理

表5—3 为系统噪声大、振动大的故障原因和处理方法。

表5—3 　　　　　　　系统噪声大、振动大的故障原因和处理方法

故障现象及原因			处理方法
液压泵噪声大、振动大	液压泵内产生气穴	油液温度太低或黏度太高	加热或更换油液
		吸油管太长、太细、弯头太多	更改管道设计
		进油过滤器过小或堵塞	更换或清洗过滤器
		泵离液面太高	更改泵安装位置
		辅助泵故障	修理或更换
		泵转速太快	减小到合理转速
	油液中有气泡	油液选用不合适	更换油液
		油箱中回油管在液面上	管伸到液面下
		油箱液面太低	油加至规定范围
		进油管接头进入空气	更换或紧固接头
		泵轴油封损坏	更换油封
		系统排气不好	重新排气
	泵磨损或损坏		更换或修理
	泵与电动机同轴度低		系统调整
液压马达噪声大	管接头密封件不良		换密封件
	马达磨损或损坏		更换或修理
	马达与工作机同轴度低		重新调整
液压缸振动大	空气进入液压缸		排出空气 可给液压缸活塞、密封衬垫涂上 二硫化钼润滑脂

表5—4为阀体类元件的故障及处理。

表5—4　　　　　　　　阀体类元件的故障及处理

现象		故障原因	处理
换向阀主阀漏气	从主阀排气口漏气	气缸活塞密封圈损伤	更换密封圈
		异物卡入滑动部位，换向不到位	清洗
		气压不足造成密封不良	提高压力
		气压过高，使密封件变形太大	使用正常压力
		润滑不良，换向不到位	改善润滑
		密封件损伤	更换密封件
		阀芯、阀套磨损	更换阀芯、阀套
	阀体漏气	密封垫损伤	更换密封垫
		阀体压铸件不合格	更换阀体
电磁先导阀的排气口漏气		异物卡住动铁芯，换向不到位	清洗
		动铁芯锈蚀，换向不到位	注意排除冷凝水
		弹簧锈蚀	
		电压太低，动铁芯吸合不到位	提高电压
换向阀的主阀不换向或换向不到位		压力低于最低使用压力	找出压力低的原因
		接错气口	更正
		控制信号是短脉冲信号	找出原因，更正或使用延时阀，将短脉冲信号变成长脉冲信号
		润滑不良，润滑阻力大	改善润滑条件
		异物或油泥进入滑动部位	清洗，检查气源处理系统
		弹簧损伤	更换弹簧
		密封件损伤	更换密封件
		阀芯与阀套损伤	更换阀芯、阀套
电磁先导阀不换向	无电信号	电源未接通	接通
		接线断了	接好
		电气线路的继电器故障	排除
	动铁芯不动作（无声）或动作时间过长	电压太低，吸力不够	提高电压
		异物卡住动铁芯	清洗、检查气源处理状况是否符合要求
		动铁芯被油泥粘连	

表5—5 为气压系统元件的故障与处理。

表5—5   气压系统元件的故障与处理

现象	故障原因	处理
供气不足	耗气量太大，空压机输出流量不足	选用输出流量更大的空压机
	空压机活塞环磨损	更换零件，在适当部位装单向阀，维持执行元件内压力，以保证安全
	漏气严重	更换损坏的密封件或软管，紧固管接头及螺钉
	减压阀输出压力低	调节减压阀至使用压力
	速度控制阀开度太小	将速度控制阀打开到合适开度
	管路细长或管接头选用不当，压力损失大	重新设计管路，加粗管径，选用流通能力大的管接头及气阀
	各支路流量匹配不合理	改善各支路流量匹配性能，采用环形管道供气
气路没有气压	气动回路中的开关阀、速度控制阀等未打开	予以开启
	换向阀未换向	查明原因后排除
	管路扭曲、压扁	校正或更换管路
	滤芯堵塞或冻结	更换滤芯
	介质或环境温度太低，造成管路冻结	及时清除冷凝水，增设除水设备或防冻装置
异常高压	因外部振动冲击产生了冲击压力	在适当部位安装安全阀或压力继电器
	减压阀损坏	更换减压阀
油泥过多	选用润滑油不当	选用高温下不易氧化的润滑油
	压缩机的给油量不当。给油量过多，在排出阀上滞留时间长，助长炭化；给油量过少，造成活塞烧伤等	应注意给油量适当
	空压机连续运行时间过长	温度高，机油易炭化。应增设储气罐，选用大流量空压机，实现不连续运转。气路中加油雾分离器，清除油泥
	压缩机排气阀动作不良	当排气阀动作不良时，温度上升，机油易炭化，气路中加油雾分离器

续表

现象		故障原因	处理
空气过滤器异常	漏气	密封不良	更换密封件
		排水阀、自动排水器失灵	修理或更换
	压力降太大	通过流量太大	选更大规格过滤器
		滤芯堵塞	更换或清洗
		滤芯过滤精度过高	选用合适的过滤器
	水杯破裂	在有机溶剂中使用	选用金属杯
		空压机输出某种焦油	更换空压机润滑油，使用金属杯

第三节　数控铣床精度检验

 学习目标

➤通过本节的学习，使培训对象能够了解数控铣床精度检测的常用工具及其使用方法。

 相关知识

数控机床精度验收主要包括几何精度、定位精度和切削精度的验收。数控机床的几何精度综合反映机床各关键零部件及其组装后的几何形状误差，许多项目相互影响，因此，必须在机床精调后一次完成检测，不允许调整一项检测一项。若出现某一单项经重新调整才合格的情况，则整个几何精度的验收检测工作必须重做。

一、数控铣床的定位精度

定位精度是数控铣床各坐标轴在数控装置控制下所达到的运动位置精度。定位精度取决于数控系统和机械传动误差的大小，能够由加工零件达到的精度反映出来，主要检测内容有直线运动的定位精度和重复定位精度、回转运动的定位精度及重复定位精度、直线运动反向误差（失动量）、回传运动反向误差（失动量）和原点复归精度。

数控铣床的定位精度是指机床各坐标轴在数控装置控制下运动所达到的位置精度。数控机床的定位精度主要包括单轴定位精度、单轴重复定位精度和两轴以上联动加工的试件圆度，见表5—6。

表5—6　　　　　　　　　　数控铣床定位精度检测项目

精度项目	普通型数控机床	精密型数控机床
单轴定位精度（mm）	0.02/全长	0.005/全长
单轴重复定位精度（mm）	0.008	<0.003
铣削圆精度（圆度）（mm）	0.03~0.04/ϕ200	0.015/ϕ200

单轴定位精度和重复定位精度综合反映该轴的各运动部件的综合精度。单轴定位精度是指在该轴行程内任意一个点定位时的误差范围，直接反映机床的加工精度等级；重复定位精度反映了该轴在行程内任意定位点的定位稳定性，是衡量该轴能否稳定可靠工作的基本指标。铣削圆柱面精度或铣削空间螺旋槽（螺纹）精度是综合评价该机床有关数控轴伺服跟随运动特性和数控系统插补功能的指标，评价方法是测量所加工的圆柱面的圆度。也可采用铣削斜方形四边加工法判断两个数控轴的直线插补运动精度。把精加工立铣刀安装到机床主轴上，铣削放置在工作台上的圆柱形试件，然后把加工完成的试件放到圆度仪上，检测其加工表面的圆度。如果铣削圆柱面上有明显铣刀振纹，则反映该机床插补速度不稳定；如果铣削的圆柱面有明显圆度误差，则反映插补运动的两个数控轴的系统增益不匹配；在圆柱表面上任意数控轴运动换向的点位上，如果有停刀点痕迹，则说明该轴正反向间隙没有调整好。

目前，世界各国对单轴定位精度和重复定位精度的规定、定义、测量方法和数据处理等均有所不同，数控机床定位精度检验常用标准主要有美国标准（ANSI）、德国标准（DIN）、日本标准（JIS）、国际标准化组织标准（ISO）和中国国家标准（GB）。

二、数控铣床的主轴精度

数控铣床的主轴精度主要是指主轴轴承工作时其径向和轴向产生较大间隙，从而出现径向跳动和轴向窜动，影响加工精度。轴向窜动会造成切削振动加大，加工尺寸控制不准，平行度、线轮廓度超差，径向跳动会造成铣刀和刀柄的跳动和振摆，铣刀偏让（俗称"让刀"），从而使尺寸难以控制。如果主轴过紧，则会使主轴发热咬死。

大部分数控铣床主轴采用的是直接和双向推力角接触球轴承的内环配合，铣床主轴精度主要考虑主轴的配合间隙、径向跳动和端面跳动精度、主轴和工作台的垂直度或平行度。

三、数控铣床的工作台导轨精度

数控铣床工作台横向、纵向、垂直移动时都有一个合适的间隙，若间隙太小则使工作台运动时阻力太大，加重了摩擦和磨损。若间隙太大，则会造成铣床—刀具—工件这一工艺系统的刚度下降，导致铣削过程失稳，甚至会损坏刀具，直接影响机床和刀具寿命。从平时实践来讲，间隙的变化可以从工作台移动时的平行度、垂直度测量数据上表现出来，所以为了保证加工精度，需要经常测量工作台移动时的平行度、垂直度是否处于合理的误差范围内。

 **操作技能**

精度的测量

数控机床的几何精度检验与普通机床的检验方法差不多，使用的检测工具和方法也相似。目前国内检测数控机床几何精度的常用工具有精密水平仪、精密方箱、90°角尺、平尺、平行光管、千分表、测微仪、高精度检验棒等，主要检测项目有 X、Y、Z 轴的垂直度，以及主轴回转轴线对工作台面的平行度、主轴在 Z 轴方向移动的直线度、主轴轴向和径向跳动。每项几何精度的具体测量方法可按相关标准的要求进行，也可按机床出产时的几何精度检测项目要求进行。

1. 数控铣床定位精度的测量

直线运动定位精度的测量一般都在机床和工作台空载条件下进行。按国家标准和国际标准化组织标准的规定，对数控机床的检测应以激光测量为准，如图5—2a所示。在没有激光干涉仪的情况下，也可以用标准刻度尺配以光学读数显微镜进行比较测量，如图5—2b所示。但是，测量仪器精度必须比被测精度高 1~2 个精度等级。

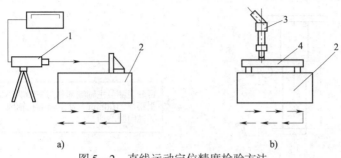

图 5—2　直线运动定位精度检验方法

a）激光测量　b）标准刻度尺比较测量

1—激光测距仪　2—工作台　3—光学读数显微镜　4—标准刻度尺

当前，数控机床定位精度和重复定位精度的测量一般采用激光测距仪测量。首先编制一个测量运动程序，让机床运动部件每间隔 50～100 mm 移动一个点，往复运动 5～7 次，由与测距仪相连的计算机应用软件处理出各检测结果。根据机床定位精度可以估算出该机床加工时可能达到的精度，如在单轴方向上移动加工两个孔的孔距精度为单轴在该段定位误差的 1～2 倍。具体误差值与工艺因素密切相关。有些批量生产典型零件的用户还提出了数控机床工艺能力系数的考核，通常要求 CPK > 1.33，即要求机床精度相对零件精度公差要有足够精度储备，这样才能满足批量生产加工精度稳定性的要求。对定位精度要求较高的数控机床，必须考虑进给伺服系统采用半闭环还是全闭环方式，以及采用的检测元件的精度和稳定性。机床采用半闭环伺服驱动方式时的精度稳定性要受到一些外界因素影响，如传动链中因工作温度变化引起滚珠丝杠长度变化，这必然使工作台实际定位位置产生漂移影响，进而影响加工件的加工精度。在半闭环控制方式下，位置检测元件放在伺服电动机另一端。滚珠丝杠轴向位置主要靠一端固定，另一端可以自由伸长，当丝杠伸长时工作台会产生一个附加移动量。在一些新型中小数控机床上，采用减小导轨负荷（用直线滚动导轨）、提高丝杠制造精度、丝杠两端加载预拉伸和丝杠中心通恒温油冷却等措施，在半闭环系统中也可得到较稳定的定位精度。

2．数控铣床主轴精度的测量

（1）主轴锥孔轴线的径向圆跳动

检验工具：检验棒、百分表。

检验方法：如图 5—3a 所示，将检验棒插在主轴锥孔内，百分表安装在机床固定部件上，百分表测头垂直触及被测表面，旋转主轴，记录百分表的最大读数差值，在 a、b 处分别测量。标记检验棒与主轴圆周方向的相对位置，取下检验棒，同向分别旋转检验棒 90°、180°、270°，然后重新插入主轴锥孔，在每个位置分别检测，取 4 次检测的平均值为主轴锥孔轴线的径向圆跳动。

177

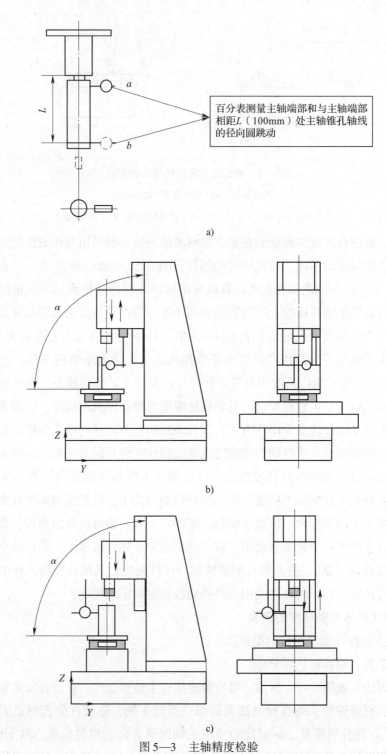

百分表测量主轴端部和与主轴端部相距L（100mm）处主轴锥孔轴线的径向圆跳动

a)

b)

c)

图 5—3　主轴精度检验

a）主轴锥孔轴线的径向圆跳动　　b）主轴竖直方向移动对工作台面的垂直度

c）主轴套筒竖直方向移动对工作台面的垂直度

（2）主轴竖直方向移动对工作台面的垂直度

检验工具：等高块、平尺、90°角尺、百分表。

检验方法：如图5—3b所示，将等高块沿Y轴放在工作台上，平尺置于等高块上，将90°角尺置于平尺上（在YZ平面内），指示器固定在主轴箱上，指示器测头垂直触及90°角尺，移动主轴箱，记录指示器读数及方向，其读数最大差值即在YZ平面内主轴竖直方向移动对工作台面的垂直度误差。同理，将等高块、平尺、90°角尺置于XZ平面内重新测量一次，指示器读数最大差值即在XZ平面内主轴竖直方向移动对工作台面的垂直度误差。

（3）主轴套筒竖直方向移动对工作台面的垂直度

检验工具：等高块、平尺、圆柱角尺、百分表。

检验方法：如图5—3c所示，将等高块沿Y轴放在工作台上，平尺置于等高块上，将圆柱角尺置于平尺上，并调整圆柱角尺位置使圆柱角尺轴线与主轴轴线同轴；百分表固定在主轴上，百分表测头在YZ平面内垂直触及圆柱角尺，移动主轴，记录百分表读数及方向，其读数最大差值即为在YZ平面内主轴套筒竖直方向移动对工作台面的垂直度误差；同理，百分表测头在XZ平面内垂直触及圆柱角尺重新测量一次，百分表读数最大差值为在XZ平面内主轴套筒竖直方向移动对工作台面的垂直度误差。

3. 数控铣床工作台导轨平行度、垂直度的测量

（1）工作台X向或Y向移动对工作台面的平行度

检验工具：等高块、平尺、百分表。

检验方法：如图5—4a所示，将等高块沿Y向放在工作台上，平尺置于等高块上，让百分表测头垂直触及平尺，Y向移动工作台，记录百分表读数，其读数最大差值即工作台Y向移动对工作台面的平行度；将等高块沿X向放在工作台上，X向移动工作台，重复测量一次，其读数最大差值即工作台X向移动对工作台面的平行度。

（2）工作台X向移动对工作台T形槽的平行度

检验工具：百分表。

检验方法：如图5—4b所示，把百分表固定在主轴箱上，使百分表测头垂直触及基准（T形槽），X向移动工作台，记录百分表读数，其读数最大差值即工作台沿X向移动对工作台面基准（T形槽）的平行度误差。

（3）工作台X向移动对Y向移动的工作垂直度

检验工具：90°角尺、百分表。

检验方法：如图5—4c所示，工作台处于行程中间位置，将90°角尺置于工作台上，把百分表固定在主轴箱上，使百分表测头垂直触及90°角尺（Y向），Y向移动工作台，调整90°角尺位置，使90°角尺的一个边与Y轴平行，再将百分表测头垂直触及90°角尺另一边（X向），X向移动工作台，记录百分表读数，其读数最大差值即工作台X向移动对Y向移动的工作垂直度误差。

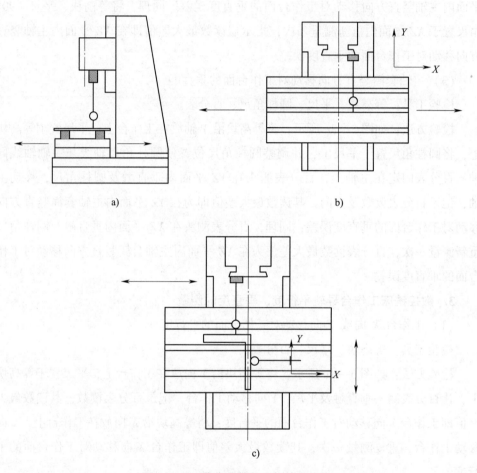

图5—4　工作台导轨的几何精度检验

a) X向或Y向移动对工作台面的平行度　　b) X向移动对T形槽的平行度

c) X向移动对Y向移动的工作垂直度

第六章

培训与管理

第一节 操作指导与理论培训

 学习目标

➢掌握教学组织、培训讲义编写、操作示范的方法。

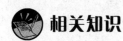 相关知识

一、操作指导的内容和方法

1. 现场讲授操作要领

现场讲授操作要领时，应依据《国家职业标准——数控铣工》的要求，结合实际工作内容，运用本人的理论知识和实际操作经验向学员详细讲解工件加工、检验的程序、规则、操作要领及注意事项。讲解时要结合生产中实际零件的技术要求，针对关键工序的加工程序和工装夹具进行重点传授，集体讲授前要先有大纲或教案，针对个体的讲授可以采用一问一答交互方式进行，要做到通俗、形象、生动、严谨，理论与实践相结合，经过多次讲授后要虚心听取学员意见，不断整改，并最终形成企业的内训教材甚至正式出版。

2. 示范操作

示范操作是一种直观性很强的操作形式。通过示范操作可以直接观察学员实习效果，便于学员与指导者直接交流，有利于学员理解和掌握操作技巧。示范操作又

可分为机床操作演示、教具和实物的演示，以及远程视频播放等，并注意以下要求：

（1）机床操作演示时，指导者要放慢机床的转速或进给速度，分解切削加工的操作动作，边演示边讲解，使学员看得仔细、听得真切、记得牢固，便于学员掌握操作技能。

（2）以教具和实物来演示，使学员获得鲜明、具体、生动的感性认识，便于学员掌握操作的技能、要领和技巧，有利于培养学员的观察力和想象力。

（3）独立操作训练在提高学员操作水平方面是一个十分重要的环节。学员只有进行独立操作训练，才能在反复、多样的操作训练中巩固其所学的操作技能。指导者应在学员操作过程中及时发现问题并立即予以纠正，以避免加工废品的产生，减少经济损失。

（4）在具备网络视频传输条件的场所，技师的操作录像可以制成流媒体格式的文件，以网络课件的形式在网上发布或授权使用，这就是现代远程高技能培训，具有资源共享、培训效率高、成本低的特点，应逐步推广。

3．对培训技师的基本要求

培训技师在对学员进行实际操作指导时，应遵循以下基本要求：

（1）做好指导前的准备工作，做到有组织、有计划地进行培训，要做到定时间、定地点、定内容、定进度、定要求，有练习、有考核、有讲评。

（2）做到在专业理论的指导下进行操作训练，要遵循由浅入深、由易到难、由简到繁的循序渐进的原则，以保证实际操作训练的工作质量。

（3）指导操作的内容要与本企业、本岗位的实际相结合，指导者应尽量采用在本企业较典型的机床上加工工件的实例作为主要的教学内容，以便学员学习和掌握，立即能在生产中得到应用。

（4）指导者在讲解各项操作时，还应详细讲解安全操作规程及现场事故处理注意事项，使学员牢固掌握安全生产的相关知识。

（5）在指导操作过程中，指导者要做到五勤，即脑勤、眼勤、嘴勤、手勤、腿勤，以便及时发现学员错误的操作方法以及操作姿势，对于个别人的问题可个别指导纠正，对于共性的问题则应进行集中指导纠正。

（6）在培训结束时，指导者应对学员在培训过程中各方面的表现进行总结和讲评，这样有利于学员操作水平的提高。

二、理论培训的方法

（1）理论培训一般采用课堂讲授方式，也可以穿插一些现场教学、电视教学、网上教学和参观学习等方式。

（2）联系实际授课。理论知识来源于客观实际，理论知识正确与否只有通过实践来检验，正确的理论对人们的实践有着重要的指导意义。授课者要结合本企业的产品特点、结构和技术要求、质量要求等进行客观的结构特点分析、工艺分析，讲解本企业生产工艺的制定过程，说明产品工艺特点及加工中容易产生的缺陷和预防缺陷的措施，介绍降低不合格品率、提高劳动生产率、节约生产成本的方法，以及在生产中如何控制产品质量等规律性知识，从而使学员将理论知识与本企业的生产实际紧密结合起来，加深、加快对所学理论知识的理解和掌握。

（3）组织学员进行网络课程的学习及外出参观很有必要。仅在加工中心上从事加工作业具有很大的局限性，组织与加工中心技术有关的参观学习可以扩大学员的视野，了解本行业的新技术、新工艺、新设备、新材料的发展状况，知道本行业先进技术水平的发展现状，这样有利于学员技术水平的提高。

（4）让学员了解学习理论知识的重要性，明确学习的目的，培养学员的职业道德和敬业精神，提高学员对理论知识学习的兴趣，使学员自觉、主动、积极地参加培训，使理论培训取得更好的效果。

（5）理论培训的考核可以采用课堂上提问、课后布置作业、学习阶段考查，以及学习期满考试等多种形式。按《国家职业标准——数控铣工》的规定，各等级理论知识考试应在标准教室内进行，考试时间一般为 120 min。

三、培训讲义的编写

培训技师应具备独立编写培训讲义的能力。编写培训讲义可以用规范化的语言、图表、计算公式、工艺标准来表达技师专有的技能和知识，讲义的基本要求如下：

（1）认真研究数控铣工的《国家职业标准》和《国家职业资格培训教程》中的各项要求，合理拟定教学大纲，编排培训内容和章节顺序，根据教学大纲编写培训讲义。

（2）应结合本企业的产品工艺特点，针对实际操作的机床及加工要求来编写培训讲义，根据培训对象或通过培训需要解决的问题选定培训讲义的内容，确定课时。

（3）应结合编写者本人长期积累的实践经验及先进的操作方法、技能、技巧，同时结合收集到的有关技术资料和加工实例来编写培训讲义。

（4）培训讲义的内容应严谨准确，采用的标准要符合最新的国家标准，名词术语要规范，物理量及计量单位的使用要正确。

（5）培训讲义对于各等级间的知识与技能要合理衔接，既不能重复，也不能遗漏，并防止过多、过难、过深。

第二节　质量管理

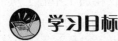 学习目标

➤要求能够掌握有关质量控制、检验、统计分析、环境质量方面的国际标准、国家标准并贯彻实施。

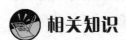 相关知识

一、国际质量标准体系

为了适应国际贸易往来及与国际技术经济合作的需要，国际标准化组织质量管理和质量保证技术委员会经多年协调努力，于 1987 年 3 月正式公布了 ISO 9000—9004 五个标准，即"ISO 9000 族系列标准"。其后，国际标准化组织又对系列标准不断进行了修订，于 2008 年 8 月颁发了最新的修订版。

ISO 9000 族系列标准包括《质量—术语》标准（ISO 8402）、质量技术标准（指南 ISO 1000）及 ISO 9000 系列标准（ISO 9000—9004）。其中，ISO 8402 是术语，主要阐述名词的定义及与名词定义有关的概念。ISO 1000 系列是支持性标准，是质量保证要求实施指南，它逐条详解质量管理指南、质量管理技术。ISO 9000 系列标准中，ISO 9000—1 是一个指导性标准，起牵头作用，它阐述了 ISO 9000 族标准的基本概念，规定了选择和使用质量管理、质量保证标准的原则、程序和方法。ISO 9000—9003 是质量保证模式标准，用于外部的质量保证，为供需双方签订含有质量保证要求的合同提供了可选择的一种不同模式，模式可作为供方质量保证的依据，并可作为需方或经供需双方同意的第三方对供方质量体系进行评价的依据。ISO 9004—1 是《质量管理和质量体系要素—指南》，它用于指导所

有组织的质量管理，为组织建立健全质量体系要素指南；指导所有组织的质量管理，为组织建立健全质量体系提供基本要素，是组织质量体系的一个基础性标准。

二、质量控制的方法

质量控制是指通过分析产品检测数据来确定合格与不合格产品。数据分析是指通过组织、确定、收集来自车间现场或其他生产环节的产品性能数据，并对其进行跟踪分析，找出质量好坏的规律和原因。质量控制的措施包括：

1. 持续改进措施

持续改进是保证质量管理体系有效性的最主要手段，是企业管理者在质量体系建设中所做出的承诺。持续改进质量管理体系通常采用以下手段或措施：质量方针、质量目标、审核结果、数据分析、纠正和预防措施以及管理评审。

2. 纠正措施

纠正措施是指为消除已发现的不合格或其他不期望发生的事件所采取的措施。组织应采取措施，以消除不合格的原因，防止不合格的再次发生。纠正措施程序应形成文件，该程序应规定以下要求：

（1）评审不合格（包括用户抱怨）。

（2）确定不合格的原因。

（3）评价确保不合格不再发生的措施的可行性。

（4）确定和实施所需的措施。

（5）记录所采取措施的结果。

（6）评审所采取的纠正措施的预期效果。

3. 预防措施

预防措施是指为消除潜在不合格或其他潜在不期望情况所采取的措施程序。预防措施程序应形成文件，该程序应规定以下要求：

（1）确定潜在不合格及其原因。

（2）评价防止不合格发生的措施的需求。

（3）确定和实施所需的措施。

（4）记录所采取措施的结果。

（5）评审所采取的预防措施的预期效果。

第三节　生　产　管　理

 **学习目标**

➤能够在实际工作中承担部分生产管理工作，协助部门领导进行有关生产计划、调度、统计等管理内容。

 **相关知识**

机床的操作过程不仅是工件价值的增值过程，而且也是能源和材料的消耗过程。因此，在保证产品质量和数量的前提下，为了实现材料、设备、工具、能源和劳动力消耗总和最小化，就需要对整个生产加工过程进行管理和调度。管理和调度的基本原则是以最少的社会劳动和物质消耗创造出最多的物质财富，根据这一原则，判断加工过程中某项工艺合理与否，就不仅要看技术性能的优劣，而且要看它在经济上是否合算，技术经济分析就成为生产管理的核心内容。这里仅针对较为常用的时间定额与工艺成本的管理加以介绍。

一、时间定额与提高生产效率的途径

1. 时间定额的定义

时间定额是指在一定生产条件下，生产一件产品或完成一道工序所需消耗的时间。

时间定额 = 基本时间 + 辅助时间 + 布置工作地时间 + 休息和生理需要时间 + 准备终结时间

基本时间（t_B）：直接改变生产对象的性质，使其成为合格产品或达到工序要求所需时间。对机械加工来说就是机动时间（包括刀具的切入、切出时间），例如车削外圆的基本时间可用下式计算：

$$t_B = \frac{L}{nf} \cdot \frac{h}{a_p} = \frac{L\pi d_w h}{1\,000 v_c f a_p}$$

式中　L——车刀行程长度，包括加工表面长度和车刀切入、切出长度，mm；

　　　n——工件转速，r/min；

h——工件半径上的加工余量，mm；

d_w——工件直径，mm；

v_c、f、a_p——切削用量，单位分别为 m/min、mm/r 和 mm。

辅助时间（t_A）：为实现该工序加工所必须进行的各种辅助动作消耗的时间，包括工件的定位和找正、装卸和检验、机床的调整、刀具的刃磨和调整、退刀和空程返回等。

布置工作地时间（t_C）：包括更换刀具、润滑机床、清理切屑、收拾工具等所需的时间。

休息和生理需要时间（t_R）：工人在工作班内，为恢复体力和满足生理需要所需的时间。

准备终结时间（t_P）：工人为加工一批零件进行准备和结束工作所消耗的时间，如熟悉图样和工艺文件、领取毛坯材料、安装工艺装备、送发成品、归还工艺装备等。

2. 单件工时与单件工时定额计算

单件工时（T_s）：

$$T_s = t_B + t_A + t_C + t_R$$

单件工时定额（T_Q）：

$$T_Q = t_B + t_A + t_C + t_R + \frac{t_P}{B}$$

式中　B——生产批量（件数）。

3. 提高生产效率的工艺途径

（1）缩短基本时间

1）提高切削用量（切削速度、进给量、切削深度等）。

2）采用多刀多刃进行加工（如以铣削代替刨削、采用组合刀具等）。

3）采用复合工步，使多个表面加工基本时间重合（如多刀加工、多件加工等）。

（2）缩短辅助时间

1）使辅助动作实现机械化和自动化（如采用自动上下料装置、先进夹具等）。

2）使辅助时间与基本时间重叠（如采用多位夹具或多位工作台，使工件装卸时间与加工时间重叠；采用在线测量，使测量时间与加工时间重叠等）。

（3）缩短布置工作地时间（主要是减少换刀时间和调刀时间）

1）采用自动换刀装置或快速换刀装置。

2）使用不重磨刀具。

3）采用样板或对刀块对刀。

4）采用新型刀具材料以提高刀具耐用度。

（4）缩短准备终结时间

1）在中小批量生产中采用成组工艺和成组夹具。

2）在数控加工中采用离线编程及加工过程仿真技术。

二、工艺成本分析

1. 工艺成本计算

生产成本：生产一件产品或一个零件所需费用的总和。

工艺成本：生产成本中与工艺过程直接有关的部分，工艺成本可分为可变费用和不变费用两部分。

可变费用：与年产量有关且与之成比例的费用，记为 C_V，包括材料费 C_{VM}、机床工人工资及工资附加费 C_{VP}、机床使用费 C_{VE}、普通机床折旧费 C_{VD}、刀具费 C_{VC}、通用夹具折旧费 C_{VF} 等，即

$$C_V = C_{VM} + C_{VP} + C_{VE} + C_{VD} + C_{VC} + C_{VF}$$

不变费用：与年产量的变化没有直接关系的费用，记为 C_N，包括调整工人工资及工资附加费 C_{SP}、专用机床折旧费 C_{SD}、专用夹具折旧费 C_{SF} 等，即

$$C_N = C_{SP} + C_{SD} + C_{SF}$$

零件全年工艺成本（N 为零件年产量）：

$$C_Y = C_V N + C_N$$

零件单件工艺成本：

$$C_P = C_V + C_N/N$$

以上两式中各参数涉及生产中几乎所有问题。由此可见，工艺成本是在生产运行的全过程中形成的。因此，首先应对这个过程的全貌有所认识。工艺系统的组成如下：

$$
\text{工艺目的}
\begin{cases}
\text{零件成形}
\begin{cases}
\text{预成形} \\
\text{达到配合的精度要求}
\end{cases} \\
\text{材料改性}
\begin{cases}
\text{为方便加工进行的预备改性} \\
\text{为获得使用性能进行的最终改性}
\end{cases} \\
\text{实现产品的整体功能}
\end{cases}
$$

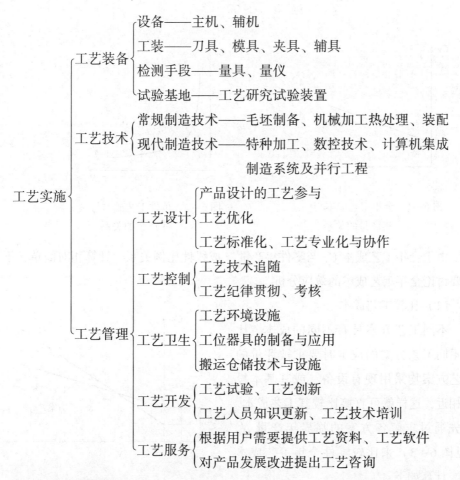

工艺实施
- 工艺装备
  - 设备——主机、辅机
  - 工装——刀具、模具、夹具、辅具
  - 检测手段——量具、量仪
  - 试验基地——工艺研究试验装置
- 工艺技术
  - 常规制造技术——毛坯制备、机械加工热处理、装配
  - 现代制造技术——特种加工、数控技术、计算机集成制造系统及并行工程
- 工艺管理
  - 工艺设计
    - 产品设计的工艺参与
    - 工艺优化
    - 工艺标准化、工艺专业化与协作
  - 工艺控制
    - 工艺技术追随
    - 工艺纪律贯彻、考核
  - 工艺卫生
    - 工艺环境设施
    - 工位器具的制备与应用
    - 搬运仓储技术与设施
  - 工艺开发
    - 工艺试验、工艺创新
    - 工艺人员知识更新、工艺技术培训
  - 工艺服务
    - 根据用户需要提供工艺资料、工艺软件
    - 对产品发展改进提出工艺咨询

2. 工艺方案比较

全年工艺成本 C_Y 与零件年产量 N 成线性比例关系（见图6—1），而单件工艺成本 C_P 则与年产量 N 成双曲线关系（见图6—2），双曲线变化关系表明，某一工艺方案中当不变费用 C_N 值一定时（它代表专用设备费用），就应该有与此设备生产能力相适应的产量范围（生产纲领）。产量小于这一范围时，由于 C_N/N 比值增大，工序成本增加，经济效益下降。相反，当产量超过这个范围时，由于 C_N/N 比值变小，说明可以采用投资更大、生产率更高的设备，通过技术创新将会使 C_v 减小而获得更好的经济效益。这就是为什么高效专用机床在大量生产条件下采用是经济合理的，而在单件小批生产中将因这种机床不能充分利用而变得不经济、不合理；在大批大量生产条件下使用专用工装是合理的，而单件小批生产则采用组合夹具更合适。不同的方法在不同的生产条件下，它的技术经济效益完全不同。因此，在现代机械制造业中，一种零件随着企业生产结构的不同可以有多种不同的工艺方案。

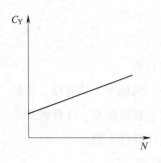

图6—1　全年工艺成本与
年产量的关系

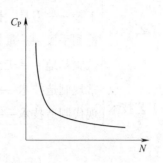

图6—2　单件工艺成本与
年产量的关系

由于全年工艺成本 C_Y 与零件年产量 N 成线性比例关系，计算相对简单，下面主要讨论全年工艺成本的效应分析。

（1）比较工艺成本

不同工艺方案具有不同的成本，比较不同工艺方案的成本时要求被评价的工艺方案均采用现有设备，或其基本投资相近，这样就可直接比较其工艺成本。首先通过求解各方案的临界年产量 N_C（见图6—3）来比较零件全年工艺成本 C_Y，计算如下：

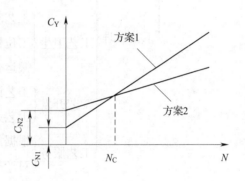

图6—3　根据临界年产量比较不同
方案的全年工艺成本

$$N_C = \frac{C_{N2} - C_{N1}}{C_{V1} - C_{V2}}$$

（2）比较投资回收期

当对比的工艺方案基本投资额相差较大时，应考虑不同方案基本投资差额的回收期，有

$$\tau = \frac{F_2 - F_1}{S_{Y1} - S_{Y2}} = \frac{\Delta F}{\Delta S}$$

式中　　τ——投资回收期；

　　　　ΔF——基本投资差额；

　　　　ΔS——全年生产费用节约额。

若两种工艺方案的基本投资差额较大时，在考虑工艺成本的同时还要考虑基本投资差额的回收期，回收期越短，则经济效益越好。

考虑投资回收期的临界年产量 N_{CC}（见图6—4，图中 ΔC_Y 为追加投资），计算

公式为

$$N_{CC} = \frac{C_{N2} - C_{N1} + \Delta S}{C_{V1} - C_{V2}}$$

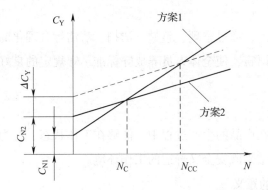

图6—4　考虑追加投资的临界年产量

三、车间现场的6S管理方法

最早由日本企业提出一种简称5S的企业质量/生产活动，实际上属于TQC内容，早期5S并没有特别明确或权威的内容规范，不同国家、地区在用语和含义上也不是很统一，流入中国香港和内地的企业后，有人将5S用语表达为"常组织，常整顿，常清洁，常规范，常自律"，并简称"五常法"，近年来5S管理越来越被世界范围优秀企业广泛认同和采纳，并且延伸出6S的提法。

1. 6S的概念

6S指的是6S的日文SEIRI（整理）、SEITON（整顿）、SEISO（清扫）、SEIKETSU（清洁）、SHITSUKE（素养）和英文SAFETY（安全）这六个单词，由于这六个单词前面的发音都是S，所以简称6S，其基本内容是：

（1）整理

将办公场所和工作现场中的物品、设备清楚地区分为需要品和不需要品，对需要品进行妥善保管，对不需要品则进行处理或报废。

（2）整顿

将需要品依据所规定的定位、定量等方式摆放整齐，并明确地对其予以标识，使寻找需要品的时间减少为零。

（3）清扫

将办公场所和现场的工作环境打扫干净，使其保持无垃圾、无灰尘、无脏污、干净整洁的状态，并防止污染发生。

（4）清洁

将整理、整顿、清扫的实施进行到底，且维持其成果，并对其实施的做法予以标准化、制度化。

（5）素养

以人性为出发点，通过整理、整顿、清扫、清洁等合理化的改善活动，培养上下一体的共同管理语言，使全体人员养成守标准、守规定的良好习惯，进而促进全面管理水平的提升。

（6）安全

安全是指企业在产品的生产过程中，能够在工作状态、行为、设备及管理等一系列活动中给员工带来既安全又舒适的工作环境。

2. 6S 管理法的意义

6S 是一个行动纲领，强调企业内部人的因素、人的意识，同时又体现了在 ISO 9000 等管理体系要求中强调的"规范化"或"文件化"的因素。6S 看似简单却精细而实用，它是提升企业管理水平不可多得的良方，同时也是改善个人工作生活素质的秘诀。对 6S 的重视，体现了这样一种工作生活哲学或者基本观念，即次序、清洁、摆放、分类、卫生这样一些看似琐碎、表面的东西，体现了人的素养，同时它们又无所不在地影响着人们的工作生活质量，包括工作的效率、产品的质量乃至心情与健康。要改善工作效率，提高工作生活质量，就要从这些基本、基础的地方做起。

要做到 6S，必须认识到它的好处，内心真正接受，而不能存在排斥心理、不情愿地去做。6S 是做本来应该做但没做好的事，而不是增加额外工作。硬件不好，不能成为拒绝做 6S 的理由，正需要从软件去规范，利用有限的条件把企业做规范正是体现管理水平的地方；工作太忙没时间做也不是理由，要避免满眼杂乱、思路不清，做 6S 就是为了条理清晰，解决越忙越乱、越乱越忙的问题。6S 并不增加成本，做好 6S 将提高效率，降低成本。没有谦虚的心态，不从内心真正接受它，6S 是很难做好的。

3. 6S 管理方法的实施要点

（1）成立推行 6S 管理组织、明确责任

（2）规划宣传

利用各种宣传手段，首先消除人员意识上的障碍，这些意识表现为：

1）6S 管理太简单，芝麻小事，没有什么意义。

2）虽然工作问题多，但与 6S 管理无关。

3）工作够忙了，没有时间做6S管理。

4）现在比以前好多了，有必要吗？

5）6S管理劳师动众，有必要吗？

6）就是我想做，别人呢？做好有什么好处？

7）事不关己，高高挂起。

（3）教育训练

一旦员工能够认知场地整洁及美化的必要性，就要分别针对物料、设备、人员、方法、环境等对象进行培训教育。

（4）规划执行

将物料、设备、方法、环境及人员详加分析、观察，将问题具体化，把各责任区和有关负责人公布在看板上，并规划可行三对策。

（5）检查评估

经过一段时间的6S活动后要组织领导和专家验收工作成果，发现并解决活动中暴露的问题，并持续整改。

第四节 技术改造与创新

学习目标

➤通过本节学习，要求能够针对工艺系统的组成要素，如机床、夹具、刀具等，进行合理的改进或创新，并能进一步提高加工质量和效率。

相关知识

技术改造与创新的目的是不断提高产品的加工质量和效率，对操作工的数控综合理论知识和技能应用要求较高。目前对大多数制造企业而言，工艺系统的技术改造与创新是最重要的研究对象。工艺系统除了包括数控机床外，还有刀具、夹具、量具等工具以及CAD/CAM软件，下面提出有关改进刀具、夹具的技术创新实例。

Duobore专用粗镗刀的创新设计

Duobore是Sandvik Coromant刀具系列中专门用于高效高精镗削的一种模块式

刀具，如图6—5所示，整个刀具由滑块、刀垫、压盖、刀杆、紧固螺钉、滑块径向调整螺钉组成，刀片用两种夹紧方式（螺钉夹紧和RC夹紧，如图6—6所示）固定在滑块上，通过调整螺钉6即可以镗削不同尺寸的孔，孔径范围为25～150 mm。通过不同的刀具元件组合，可以分别加工不同的孔。

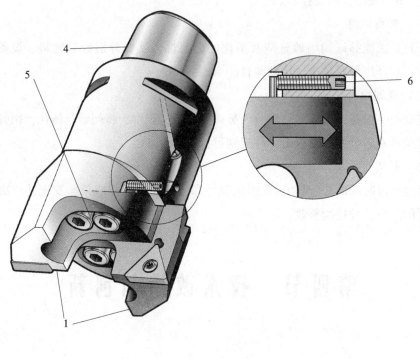

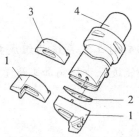

图6—5　Duobore专用粗镗刀具

1—滑块　2—刀垫　3—压盖　4—刀杆　5—紧固螺钉　6—滑块径向调整螺钉

如图6—7a所示，双刃镗削加工直孔，刀具由2个滑块、1个刀杆组成；如图6—7b所示，双刃镗削加工台阶孔，必须使用90°滑块，由2个滑块、1个刀垫、1个刀杆组成；如图6—7c所示，单刃镗削加工不通孔，由1个滑块、1个压盖、1个刀杆组成。

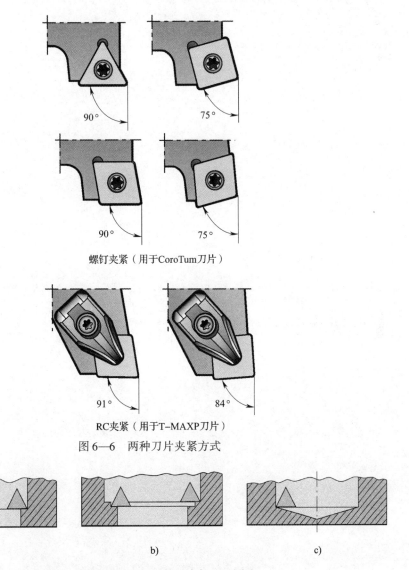

图6—6 两种刀片夹紧方式

图6—7 不同的刀具元件组合加工不同孔

　　和传统镗刀相比，此刀具创新点在于通过刀片位置的调整来增大刀具的工艺应用范围，减少了刀具数量，提高了加工效率。

第二部分

数控铣工　高级技师

第七章

工艺分析与设计

第一节 读图与绘图

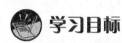 学习目标

➤通过本节的学习，使培训对象能够读懂数控铣床的电气原理图、液压原理图。

➤通过本节的学习，使培训对象能够了解协同设计的方法。

 相关知识

一、数控铣床电气原理图的识读

机床电气原理图用来表明机床功能组件的工作原理及各电气元件间的作用和关系，它直接体现了电子电路与功能元器件结构及其相互间的逻辑关系，所以一般用于机床维修时的电路分析。分析电路时，通过识别图样上的各种元器件符号，以及它们之间的连接方式，就可以了解机床的实际工作情况。识读机床电气原理图包括以下几个内容：

1. 图形的组成

电气原理图一般由主电路、电源电路、控制电路、检测与保护电路、配电电路、信号处理电路等几部分组成。

2. 符号的含义

主电路图中按规定绘制了电气图形符号，如断路器、熔断器、变频器、热继电

器、电动机、液压元件、气动元件等，这些常用符号通常在相关国家标准中规定了其意义及用法。

3. 元器件的工作顺序

电气控制电路一般由开关、按钮、信号指示、接触器、继电器的线圈和各种辅助触点构成。无论简单的还是复杂的控制电路，一般均由各种典型电路（如延时电路、联锁电路、顺控电路等）组合而成，用以控制主电路中受控设备的启动、运行、停止，使主电路中的设备按设计工艺的要求正常工作。对于简单的控制电路，只需依据主电路要实现的功能，结合生产工艺要求及设备动作的先后顺序依次分析。

4. 电路的分解

对于复杂的控制电路，按各部分所完成的功能分割成若干个局部控制电路，然后与典型电路相对照，找出相同之处，本着先简后繁、先易后难的原则逐个画出每个局部环节，再找出各环节间的相互关系。

实例：三相笼型异步电动机单相直接启动点动控制电路图的识读。

机床上小容量的电动机常采用直接启动，当用于机床主轴或工作台调整、机床试车检修时采用点动控制模式，如图7—1所示。

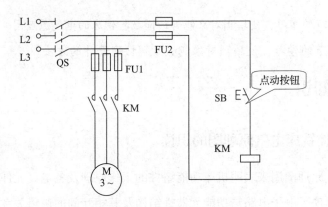

图7—1　电动机直接启动点动控制电路图

工作过程：

先接通电源开关 QS，按下 SB ——→KM 线圈得电——→KM 主触头闭合——→电动机通电启动

松开 SB ——→KM 线圈断电——→KM 主触头复位——→电动机断电停转

二、液压原理图画法实例

除了需要掌握机械零件图、装配图的绘制外，在机床的保养维修工作中还会涉

及机床液压原理图，下面给出以 CAXA 电子图板为绘图工具绘制的机床工作台液压传动原理简图，如图 7—2 所示。

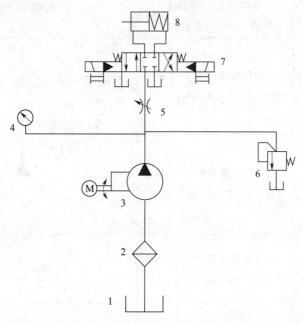

图 7—2　机床工作台液压传动原理简图

　　CAXA 电子图板的图库功能非常强大，除了可以用参数化驱动来调用机械标准零件外，还可以利用非参数化的矢量图符来绘制电气原理图、液压原理图。

　　单击库操作工具按钮 🄻18 后再单击提取图符按钮 🄶18，根据表 7—1，在弹出的"提取图符"对话框中（见图 7—3a）按照图符大类和图符小类的名称找到相应的元件，逐个将图符（器件符号）全部拖放到绘图区，在选定好图符后，系统会提示设置图形的缩放比例和旋转角度，一般情况下先按 1∶1 比例，角度输入 0° 或 90° 即可，图符的大致位置由事先设计好的原理图上的元件位置所决定，结果如图 7—3b 所示。

表 7—1　　　　　　　　　液压元件图符的路径和图符示例

液压元件名称		在图库中的位置（"图符大类"/"图符小类"/"图符列表"）	图符示例
1	油箱	"液压气动符号"/"其他装置"/"油管端部在油面以下"	

液压元件名称		在图库中的位置（"图符大类"/"图符小类"/"图符列表"）	图符示例
2	滤油器	"液压气动符号"/"液压附件"/"过滤器一般符号"	
3	液压泵	"液压气动符号"/"泵和马达"/"液压泵一般符号"	
		"液压气动符号"/"其他装置"/"电动机"	
4	压力表	"液压气动符号"/"测量指示仪表"/"压力计"	
5	节流阀	"液压气动符号"/"阀"/"可调节流阀"	
6	溢流阀	"液压气动符号"/"阀"/"直动型溢流阀"	
7	电磁换向阀	"液压气动符号"/"阀"/"三位四通电磁换向阀"	
8	液压缸	"液压气动符号"/"气缸和液压缸"/"单活塞杆液压缸"	

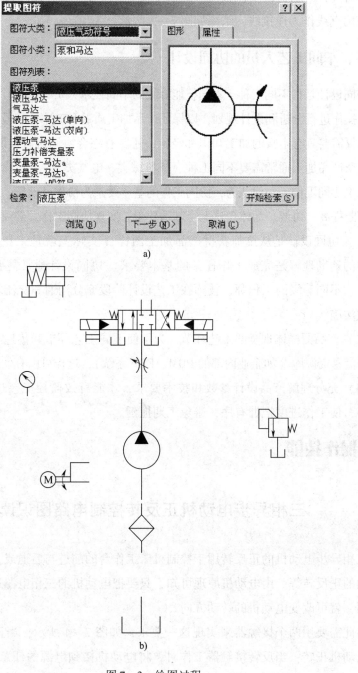

图 7—3 绘图过程

a) "提取图符"对话框 b) 定位图符

从图库中读入的图符都是图形块，请选择"导航"方式的绘图状态，应用几何变换中的图形移动（尽量使用两点方式）或缩放功能，就可以实现图符位置或接口的对齐，并根据需要调整图形的相对大小。对液压缸可以进行镜像、平移图形处理并用直线作为连接线，结果如图 7—2 所示。

三、车间工艺人员的协同设计

协同设计是指不同工种、不同技能等级的车间技术人员在一起针对加工工艺、设备工装操作进行分析和设计规划，以保证产品加工质量和效率达到最佳。协同设计组织者不仅需要具有丰富的加工知识和经验，还要有综合协调这些知识、经验的能力，因为复杂产品加工通常需要不同工种（如机械类、电气类）、不同技能等级、不同部门的员工协同工作。一般认为，协同工作的基本要素为协作、信任、交流、折中、一致、不断提高、协调。为体现这七个基本要素，实现协同工作，必须满足以下要求：

（1）协同设计是从技师获得产品加工图样（实际上就是工作任务）开始的，对图样的透彻理解是完成工作任务的基本要求。协同设计通常需要不同部门、不同专业、不同等级的工程师、技师在工艺设计阶段充分沟通和交流才能保证生产计划有效实施。

（2）产品图样体现全部工艺环节，为了使不同工艺环节间传递顺畅，要充分利用产品信息资源库（如企业内部的 PDM、ERP 系统），这样可以有效避免推诿现象。

（3）充分理解产品设计参数和技术要求，才能有效监控工艺过程中的每个工序环节，使工作进度把握有序，避免工期拖延。

 **操作技能**

三相异步电动机正反转控制电路图识读

三相异步电动机的正反转用于控制机床工作台的前进与后退或上升与下降、机床主轴的正反转等。由电动机原理可知，只要把电动机的三相电源进线中的任意两相对调，就可改变电动机的转动方向。

为此需要用两个接触器来实现这一要求，如图 7—4 所示，当正转接触器工作时，电动机正转；当反转接触器工作时，将电动机接到电源的任意两根连线对调，电动机反转。

（1）接触器联锁的正反转控制（见图 7—4a、图 7—5a）

完成"正转—停转—反转"或"反转—停转—正转"的电气控制，线路的动作原理如下：

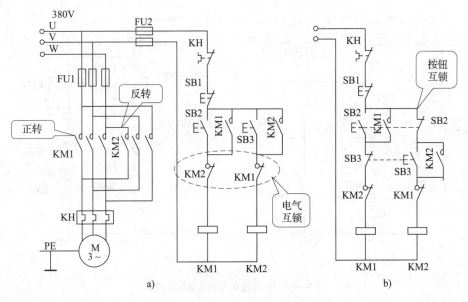

图 7—4　电动机正反转控制电路图

a）接触器联锁　b）按钮接触器联锁

正转控制：合上电源开关 QS ——→ 按下 SB2 ——→ KM1 线圈得电 ——→ $\begin{cases} \text{KM1 自锁触头闭合} \\ \text{KM1 主触头闭合} \\ \text{KM1 互锁触头闭合} \end{cases}$

——→电动机M 正转

停转控制：合上电源开关 QS ——→ 按下 SB1 ——→KM1 线圈断电——→电动机 M 停转

反转控制：合上电源开关 QS ——→ 按下 SB3 ——→KM2 线圈得电——→电动机 M 反转

这种线路的缺点是操作不方便，要改变电动机转向，必须先按停止按钮 SB1，再按反转按钮 SB3，才能使电动机反转。

（2）按钮接触器联锁的正反转控制（见图 7—4b、图 7—5b）

可实现"正转—反转—停转"或"反转—正转—停转"的操作控制。

线路的动作原理如下：

正转：

按下 SB2 ——→KM1 得电——→电动机正转

反转：

按下 SB3 ——→ $\begin{cases} \text{KM1 断电} \\ \text{KM2 得电} \end{cases}$ ——→电动机反转

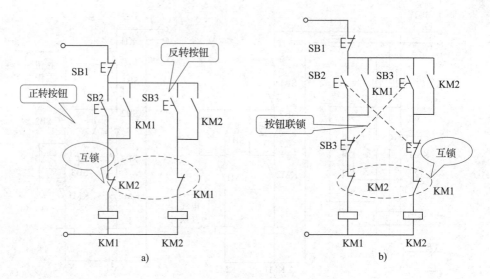

图 7—5　电动机正反转控制标注图

a）接触器联锁标注　b）按钮接触器联锁标注

第 二 节　制 定 加 工 工 艺

 学习目标

➢通过本节的学习，使培训对象能够分析高难度、精密零件的数控加工工艺规程。

➢通过本节的学习，使培训对象能够制定高速加工的工艺规程。

➢通过本节的学习，使培训对象能够制定微细加工的工艺规程。

 相关知识

一、高速铣削的工艺要点

高速铣削工艺必须考虑三个关键问题：一是保持切削载荷平稳；二是最小的进给率损失；三是最大的程序处理速度。第三点是由软件和 CNC 装置保证的，而前两点跟操作者的工艺处理有关。

1. 刀具路径必须符合高速铣削的要求

(1) 进退刀采用斜线和螺旋线方式。

(2) 大量采用分层加工。

(3) 金属切除率尽量保持恒定常数。

(4) 避免急剧变化的刀具运动，刀具在拐角和行间往复运动时避免方向急剧变化和全刀宽切削，可用"高尔夫球杆"抬刀式过渡、不延伸过渡、线性延伸过渡、圆弧延伸过渡、线性加圆弧延伸过渡等多种过渡方式。

(5) 满足等量切削和等载荷切削条件。

上述要求通过手工编程或 CAM 编程来实现。

2. 高速铣削加工用量

高速铣削加工用量的确定主要考虑加工效率、加工表面质量、刀具磨损和加工成本。不同刀具加工不同工件材料时，加工用量会有很大差异，目前尚无完整的加工数据规范。高速铣削在铝合金加工方面技术较为成熟，一般可根据实际选用的刀具参考刀具厂商提供的加工用量，选择中等的每齿进给量、较小的轴向切削深度 a_p，并尽量使 $a_p/a_e = 1$，保持高的切削速度和主轴转速，可以接近机床极限。高速铣削必须充分关注有效切削速度和浅深度铣削。

(1) 有效切削速度

切削速度与进给速度的线性关系导致了高切削速度下的高进给速度，高速加工模具型腔时常用到小直径球头刀，为了使球头刀维持高的切削速度，必须增大主轴转速，而主轴转速的提高意味着进给速度更高。在小切深条件下使用球头刀或圆刀片镶嵌式刀具计算切削速度时，根据有效切削直径来计算切削速度非常重要。

HSM 精加工时，与普通铣削比较，可以把切削速度提高 3~5 倍，这是由于切削刃与工件的接触时间极短，产生的切削热和每转的有用功均很小，通常可以大幅度地延长刀具的寿命，从而显著提高生产率，因为进给速度取决于切削速度。

(2) 浅深度切削

浅深度切削应用于半精加工或精加工阶段，对保证加工安全性和工件表面质量非常重要。球头刀或环形铣刀进行浅切削时的轴向切削深度 a_p 和径向切削深度 a_e 一般都相当小，不大于刀具直径的 10%。典型的 HSM 浅深度切削降低了切削力和刀具挠度，传入刀具和工件的切削热也大为减少，薄屑效应作用非常巨大，使提高切削速度和进给量成为可能。

经过实践和试验，切削深度比 a_e/a_p 应不超过 0.2 mm/0.2 mm。这是为了避免刀柄/切削刀具产生过大的弯曲，以保持模具的小公差和槽形精度。每个切削刃上均匀分布的载荷也是保证较高生产率的条件。当 a_e/a_p 恒定时，机械负载变化幅度和切削刃上的负载会较小，刀具寿命也相对提高了，切削速度和进给量可以保持高水平。

浅深度切削可使用大的工作台进给量，与常规铣削相比，每齿进给量与切削速度均可提高到 4~6 倍，这时并不降低安全性或刀具寿命，但对于发生了加工硬化的材料，径向进给量不得大于刀具直径的 6%~8%，轴向进给量不超过刀具直径的 5%。

典型高速铣削加工参数见表 7—2。

表 7—2　　　　　　　　　　典型高速铣削加工参数

材料	切削速度（m/min）	进给速度（mm/min）	刀具/刀具涂层
铝	12~20	≈2 000	整体硬质合金/无涂层
钢	6~12	≈1 000	整体硬质合金/无涂层
钢（42~52HRC）	3~7	≈400	整体硬质合金/TiCN/TiAlCN 涂层
钢（52~60HRC）	3~4	≈250	整体硬质合金/TiCN/TiAlCN 涂层

二、微细加工的工艺特点

随着航空航天、国防工业、现代医学以及生物工程技术的发展，对微小装置的功能、结构复杂程度、可靠性的要求越来越高，从而使得对特征尺寸在微米级到毫米级，采用多种材料，且具有一定形状精度和表面质量要求的精密三维微小零件的需求日益迫切。然而，目前用于微小型化制造的主要是 MEMS（Micro - Electro Mechanical Systems）技术，它集中于由半导体制造工艺发展而来的工艺方法和相关材料，加工材料单一。同时 MEMS 技术趋向于制作平面微机械零件和 MEMS 器件，对任意三维微小零件的加工限制很大。采用微细切削技术可以实现多种材料任意形状微型三维零件的加工，弥补了 MEMS 技术的不足，所制作出的各种微型机械有着日益广阔的应用前景。

微细切削加工技术在微小零件的制作方面起到了至关重要的作用，它将纳米尺度的 MEMS 工艺和传统宏观领域的机械加工紧密地联系起来，而且它并不是宏观切削加工在尺度上的简单缩小，而具有自己独特的加工机理和特点。

1. 微细切削加工机床

为了制造出高精度的微型零件，机床的尺寸必须要小，精度要高，动态性能要好。机床的微型化不但可以减少能量消耗，节省材料和花费，而且还可以提高机床的响应速度，减小占用的空间。与传统的金属切削机床相比，微型机床的质量轻，谐振频率高。同时由于加工过程中施加的载荷小，微型机床的振幅较小。与超精密机床相比，微型机床的结构刚度较低，容易受到外部的干扰，因此要想达到理想的加工精度，必须采取有效的防振和抗干扰措施。如何提高微型机床的刚度也是进一步研究的重点。

微型机床的关键技术主要包括高速精密主轴系统、高速进给系统、控制系统、高效冷却系统、高性能刀具夹持系统，以及支撑材料和安全防护体系。因为微型刀具的直径小，所以要提高材料的切削去除率，必须提高机床主轴的转速。高速精密主轴单元是微型机床的核心部件，其性能直接决定了机床的高速加工能力。一般要求主轴具有高转速、高刚度、高回转精度、高动平衡精度、良好的热稳定性和抗振性，以及先进的冷却系统和可靠的主轴监测系统，这对其结构设计、制造和控制都提出了非常严格的要求，并带来了一系列的技术难题。高速轴承是高速电主轴的核心元件之一，高速主轴单元常使用的轴承有磁悬浮轴承、空气静压轴承、液体静压轴承和气动轴承。目前经济可用的空气轴承电主轴的转速已超过 200 000 r/ min。为满足主轴高转速、高刚度和高回转精度的要求，其静态和动态特性以及动平衡技术是一个重要方面。

微型机床要求其进给系统具有与主轴高转速相适应的高速进给运动（空行程时的移动速度更高）。在微型机床上实现高加速度直线运动主要有两种途径：一是采用滚珠丝杠传动，二是采用直线电动机传动。目前高精度的微型机床一般采用直线电动机驱动，与传统的滚珠丝杠等驱动方式相比，由于它的驱动机构仅由两个互不接触的部件组成，没有低效率的中间传动部件，也无机械滞后以及螺距误差，从而可以实现高效率和高精度，其加速度可高达 $20 \sim 100$ m/ s^2，定位精度高达 $0.1 \sim 0.01$ μm。虽然直线电动机发热较严重，且对磁场周围的灰尘、切屑、油存在吸收作用，但是在加速度大于 10 m/ s^2 的情况下，直线电动机仍是唯一的选择。采用直线电动机传动的微型机床，其加工精度一般可以达到 ±0.1 μm。

2. 微细切削加工刀具和刀具夹持机构

微型刀具应具备较高的静态刚度和动态稳定性，其材料和结构对微细切削加工技术的发展具有决定性的意义。传统的超精密切削加工一般采用金刚石刀具，但金刚石与钢在高温下具有较高的化学亲和性，容易引起刀具的磨损，所以一般用于有色金属材料和非金属材料的加工。在微铣削和微钻削中经常采用硬质合金刀具，其在高温下具有较高的硬度和强度，对多种工程材料都有很好的加工性。硬质合金晶粒的大小决定刀刃的微观锋利程度，超细颗粒硬质合金刀具的晶粒度在 $0.2 \sim 1.0$ μm 之间，刃口圆弧半径为几微米，降低钴的含量虽可以提高硬质合金刀具的硬度，但同时也会使刀具变得更脆。

微型零件的尺寸是由微型刀具决定的，如果微型刀具的直径能进一步减小，则微型零件的尺寸也必将减小，甚至能达到刻蚀技术所能加工的尺度。经济实用的立铣刀直径已经达到 50 μm，这种刀具是通过聚焦离子束技术加工出来的，直径小于 50 μm 的微型铣刀其螺旋角一般为零，这样可以显著提高刀具的刚度。在微细切削加工中，主轴转速高，进给速度低，这就要求研究人员设计新型的刀具结构来更好地满足微细切削加工的需要。

因为主轴的转速非常高，所以微型机床的刀具夹持机构要求具有很高的动平衡性，且具有绝对的定心性。主轴、刀柄、刀具三者在旋转时应具有极高的同心度，这样才能保证高速、高精度加工，否则转速越高，离心力越大，当其达到系统的临界状态时，将会使刀具发生激振，其结果是加工质量下降，刀具寿命缩短，加速主轴轴承磨损，严重时会使刀具与主轴损坏。通过对不同刀具夹持机构的研究发现，圆筒夹具优于采用定位螺钉的夹具，因为前者可以有效地减小刀具的跳动。

3. 微细切削加工的切削力与切屑变形

切削力与切屑变形直接相关（见图7—6），它决定了刀具的偏斜。切削力名义上可以分为剪切力和犁切力，在宏观加工过程中因为每齿进给量一般比刀具刃口圆弧半径大，此时的犁切力很小，可以忽略不计。但是在微细切削中，每齿进给量和切削深度都非常小，犁切力在总切削力中所占的比例增大了，此时犁切力明显地影响了切屑变形，而且切削深度越小，犁切效应就越显著。

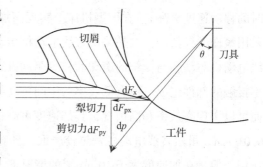

图7—6 切削力与切屑变形

在传统加工过程中，切屑沿剪切面发生剪切变形，然而在微细切削中，在切削刃周围的剪切应力却显著地增加，通过正交微切削力分析模型还可以看出，沿着刀具后面有弹性恢复现象。由于刀具刃口圆弧半径的存在，使得切屑变形明显增大，切削深度很小时，刀具刃口圆弧半径造成的附加变形（犁切效应）占总切屑变形的比例很大。微细切削加工的切削力特征为切削力微小，单位切削力大，在切削深度很小时切削力会急剧增大，这就是微细切削的尺寸效应。

4. 微细切削加工的尺寸效应

微细切削加工技术不仅以微小尺寸和工作空间为特征，更重要的是，微细切削具有自身独特的理论基础，微构件的物理量和机械量等在微观状态下呈现出异于传统机械的特有规律，这种现象就是微细切削加工的尺寸效应。在微细切削过程中，由于切削层厚度已经十分薄，其尺寸与微观尺度相近，尺寸效应对加工精度的影响就变得十分明显，传统的制造精度理论和分析方法将不再适用。在微观领域，与特征尺寸的高次方成比例的惯性力、电磁力等的作用相对减小，而与特征尺寸的低次方成比例的弹性力、表面力和静电力的作用越来越显著，表面积与体积之比增大，因而微机械中常采用静电力作为驱动力。在加工过程中，尺寸效应的作用并非仅仅是将传统加工在尺寸上的简单缩小，其主要特征为：

(1) 微构件本身材料物理特性的变化。

(2) 在传统理论中常被忽略的表面力此时将起主导作用。

(3) 某些微观尺度短程力所具有的长程作用及其所引起的表面效应将在微构件尺度起重要作用。

(4) 微摩擦与微润滑机制对微机械尺度的依赖性以及传热与燃烧对微机械尺度的制约。

尺寸效应的存在严重制约了微细切削加工技术向前发展，目前对尺寸效应的研究还很不充分，有待进一步的深入探讨。

 **操作技能**

一、航空发动机叶片工艺改进与优化设计

航空发动机叶片属于难加工材料薄壁结构，由于薄壁叶片加工存在较大的变形问题，以前这类叶片精加工仍然采用抛光工艺来去除余量，并靠截面样板来保证叶片气动形状。由此导致的主要问题是叶片的波纹度和截面形状精度难以控制，严重影响发动机的气动性能；叶片之间一致性差，影响发动机的动平衡性能；叶片内应力超过设计要求，表面完整性难以保证，影响发动机的运行寿命，为此提出采用精密数控加工的关键技术和环形刀编程算法进行工艺优化和改进，并比较改进前后的测量结果。

实例：钛合金叶片工艺改进

以图7—7所示的航空发动机钛合金风扇叶片为例，其结构和制造工艺特点如下：该叶片属于典型的薄壁复杂曲面零件，其叶身长度340 mm，宽度120 mm，进

排气边厚度在 0.45～0.85 mm 之间，叶片进排气边圆弧半径在 0.23～0.45 mm 之间，壁厚和长度之比为 1/400～1/200。该叶片的叶身曲面由 12 个截面给定，叶片截面之间扭曲大，并带有减振阻尼台。叶身的每个截面由叶盆、叶背两条样条曲线和进排气圆弧光顺拼接。为避免应力集中，叶身曲面和橡板之间过渡光顺性要求很高。榫头部分轮廓精度达到 0.02 mm。该叶片采用的 TC4 钛合金属难加工材料，此材料比强度高，弹性模量小，变形不易消除。

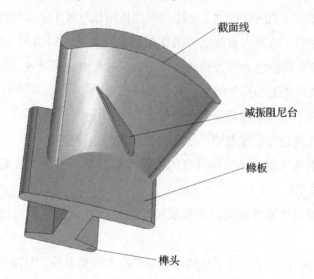

截面线

减振阻尼台

橡板

榫头

图 7—7　航空发动机钛合金风扇叶片

1. 叶片精密数控加工工艺分析

叶片精密数控加工技术是对锻造毛坯进行数控铣削加工，经过粗加工、半精加工、精加工等多道加工工序加工至最终尺寸。与传统抛光工艺相比，精密数控加工技术可实现叶身曲面"无余量"工序，但对设备和编程技术的要求更高，并必须首先解决叶片的精确定位和变形控制等难题。

（1）叶片的精确定位

叶片的精确定位是提高叶片数控加工质量、缩短研制周期、降低制造成本的关键环节，合理的定位方案对于保证叶片尺寸精度和轮廓精度至关重要。

榫头是叶片精度最高的部分，是叶片的安装基准，也被选作叶片的加工基准。对于叶片类薄壁件，只用榫根一端悬臂梁式定位不能保证切削过程中零件的刚度要求，难以满足叶片精度要求，为此在叶尖增加辅助工艺定位基准——叶尖工艺台和定位工艺孔，并与榫根一起构成定位基准。

采用以上定位方案具有以下优点：两定位基准之间跨距长，定位精度高；增加叶尖辅助定位基准，可以提高定位系统刚度；过定位有利于保证数控加工精度。

（2）切削过程中的弹性变形控制

叶片属薄壁零件，由于切削力的作用叶片产生弹性变形，当刀具远离时叶片产生回弹，致使刀具产生"让刀"现象，无法按照几何造型计算刀具轨迹切除毛坯余量。可采用辅助支撑来消除切削抗力变形，以熔化的非金属液灌输在叶片下，非金属液冷却后和叶片紧密贴合来承受加工过程中切削力，保证刀具按照理论计算值切除余量。

（3）叶片变形控制

叶片数控加工变形主要由工件、刀具和机床组成的工艺系统产生，钛合金薄壁叶片加工主要的误差来源是叶片加工变形，产生的原因有两个：内应力的释放和切削残余应力的产生。消除加工变形主要从热处理、数控切削工艺等环节采取措施，将综合变形量控制在设计精度内。钛合金应力热处理工艺方法有多种，要根据零件工作条件和材料力学性能选择。钛合金 TC4 在退火态使用，为了避免钛合金热处理过程中与空气中的氢元素发生氧化作用，产生"氢脆"现象，在真空炉中去应力退火的同时并用氩气保护叶片，经实践证明此方法行之有效。

消除加工变形有两种方案，即机械力校正和切削消除变形。由于钛合金弹性模量小，机械力校正回弹大，且外力作用难以控制，所以机械力校正法不适合钛合金叶片，应尽量采取金属切削来消除钛合金叶片变形。叶片粗加工后在进排气边向叶盆侧收敛，使叶盆侧精加工余量增大，叶背侧余量减小（见图7—8），故粗加工时在叶背必须留有足够的加工余量，保证叶片变形后的加工余量能完全包络理论叶型曲面。将数控加工过程分为粗加工、半精加工和精加工三个工艺过程，可使加工变形产生后逐步释放，以避免变形累积。

2. 叶片数控加工编程

复杂曲面的数控加工多采用球头刀、环形铣刀和立铣刀等。环形铣刀与球头刀、立铣刀相比的优越性在于环形铣刀的切削部位以接近恒定的线速度切削，加工曲面的表面质量高，刀具寿命长。故叶片曲面加工中多选用环形铣刀，在五轴机床加工时刀具的刀位点参数是指环形铣刀刀盘上刀刃圆环的中心点 O 的坐标及刀轴矢量 T_a（见图7—9），P 点是刀具和曲面的切触点，Q 点是刀具底角在切削平面内的圆心，O 点是刀具底角圆心所在平面和刀轴的交点。刀具切削时的进给使刀具与叶片的切触点在不断变化，刀轴与加工表面法向的夹角称为后跟角 β，R 为环形铣刀刀具半径，R_1 为环形铣刀刀刃半径，$R_e = R - R_1(1 - \sin\beta)$，为环形铣刀加工的有效刀具半径。五轴加工刀位点计算公式为

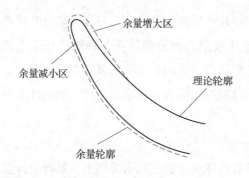

图7—8 叶片的加工变形

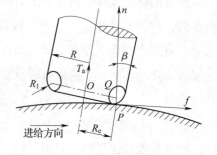

图7—9 环形铣刀加工曲面

$$r_O = r_p + rn + (R - r)(n \sin\beta - f \cos\beta)$$

$$T_a = n \cos\beta - f \sin\beta$$

式中　　r_O——O点的矢径；

　　　　T_a——P点的矢径。

在叶片曲面数控编程计算中，切削平面内法向曲率很小，即相邻刀位点之间刀轴摆角很小，故刀具摆角误差可以忽略，直线逼近误差是计算刀位点的主要因素。当同时给定刀位点数量和切削精度时，取其中精度高者来计算刀位点，以保证计算精度并提高计算速度，使算法实用和稳定。

在叶片曲面数控编程中，选用平底刀对叶身曲面粗加工（相当于环形铣刀切削刃半径 R_1 为零），用环形铣刀和球头刀进行曲面半精加工和精加工。在叶片曲面编程中，当综合计算误差为 0.01 mm 时，选用直径为 12 mm 的球头刀（环形铣刀切削刃半径和刀具半径相等），保持 30°的后跟角不变，当采用沿叶身纵向铣削方式时，由于曲率小，计算步长为 8～12 mm；采用横向铣削时，由于曲率相对较大，步长为 3～5 mm。在实际数控编程中，不仅要保证精度要求，从提高叶片表面加工质量考虑，刀位点数要有足够的密度。

3. 测试结果对比

（1）综合效率对比

两种工艺方法在制造效率、上差别较大，采用传统的工艺方法（按样板抛光）加工钛合金薄壁叶片需要夹具、检具共 100 余套，制造周期约 9 个月；采用精密数控加工技术需要工装夹具 10 余套，研制周期为 4 个月，可大大缩短研制周期，降低制造成本。

（2）叶片性能测试

采用精密数控技术加工的叶片与传统方法加工的叶片质量对比见表 7—3。可以看出，采用精密数控加工技术加工的叶片精度高，叶片装机平衡性能优良，经试车发动机各项性能明显改善。

表 7—3　　　　　　　　　　　叶片加工质量对比

比较项目	传统制造工艺（按样板抛光）	精密数控加工技术
叶型波纹度	波纹度大，榫头部位易超差	波纹度小于 0.02 mm，曲面光顺
榫根精度	拉削，准备周期长，精度高	数控铣，方法灵活，精度高
平均误差	精度 ±0.1 mm，易超差	误差小于 0.07 mm，质量稳定
一致性	一致性差	一致性高
平衡性能	差，必须动平衡	优良

二、铝合金高速切削的工艺条件选择

高速铣削加工涉及的工艺参数和条件主要有主轴转速 n、进给速度 v_f，每齿进给量 f_z、轴向切深 a_p、径向切深 a_e、主轴倾角、铣削方式、冷却方式等。

1. 主轴转速 n、进给速度 v_f、每齿进给量 f_z

这三个量有关联，一般首先可根据特定刀具来选定 f_z，然后再确定 n 和 v_f。高速铣削铝合金材料时为降低表面粗糙度值，应适当提高主轴转速，减小进给速度和切深，但应在工艺要求的前提下合理选择，以提高铣削效率。主轴转速、进给速度和切深的增加都不同程度地使铝屑变形系数减小，引起切削力和切削温度的变化。

2. 轴向切深 a_p 与径向切深 a_e

通过对高速铣削铝合金时切削力和表面质量影响因素的试验研究，可以获知：

（1）高速铣削铝合金材料时，在金属去除率恒定的情况下，选用较小的轴向切深（小于刀具直径的 30%）和较大的径向切深（为刀具直径的 40% ~ 80%）比选用较大轴向切深和较小径向切深更有利。

（2）高速铣削铝合金材料时，选用较小的轴向切深不仅可大幅度降低切削力，而且可获得更好的表面加工质量。

（3）从减小切削变形的角度选择切削用量时，选用较大的径向切深不仅可降低切削力，而且可增加工件的刚度。

（4）由切削试验数据可知，在满足加工要求和机床、刀具条件允许的前提下，还可进一步增大进给量和切削面积，以达到提高加工效率的目的。

3. 主轴倾角

主要是针对球头立铣刀铣削时，为了避开刀尖的零切削区域而使刀具随主轴摆动一定角度进行切削加工，达到提高加工表面铣削质量的目的。以刀具倾角及其他切削参数为优化参数，以刀具寿命和表面质量为优化目标，经大量试验，得出如下结论：在高速铣削时，刀具在 $10° \sim 20°$ 范围内倾斜顺铣或逆铣是最佳的切削方法。如高速铣削 6061 铝合金，$n = 18\ 000$ r/min，$a_p = 1$ mm，$a_e = 0.3$ mm，用直径为 16 mm 的两齿硬质合金球头铣刀进行切削试验，随着刀具轴线相对于进给方向的倾斜角度的增大，切削力变化的趋势是减小；但当倾角达到 $15°$ 之后，随着倾角的增大，切削力的减小不再明显。

4. 铣削方式

由于逆铣时切屑厚度是由薄变厚，当刀刃刚接触试件时，后面与试件之间的摩擦较大，容易引起振动；切削试件拐角处时，因切入角和铣削长度的增加，逆铣的摩擦效应也会引起切削振动，并在拐角处产生振纹。而顺铣时则正好相反，虽然顺铣时切削力稍大于逆铣，但顺铣时切屑厚度是由厚变薄，刀具后面与试件之间摩擦效应较小，在拐角处不易引起切削振动。但由于顺铣对工件和刀具的冲击力均较大，因此加工时应尽可能减小刀具悬伸长度和增加工件刚度。

5. 冷却方式

加工软铝合金时，应使用高压空气和油雾冷却；硬质合金刀具高速加工 ZL101 时，可采用水冷却；硬质合金高速铣削 6061 铝合金时，可干铣，也可采用乳化液冷却；对于 7075 预拉伸铝合金，用硬质合金刀具铣削时，可采用油雾冷却，当采用高速钢刀具时，可干铣。

三、微细孔加工实例——电火花小孔磨削

对精度和表面质量要求都较高的较深小孔，当工件材料的机加工性能很差时，如磁钢、硬质合金、耐热合金等，采用电火花磨削或镗磨就能较好地达到加工要求。电火花磨削可在孔加工、成形机床上附加一套磨头来实现，使工具电极作旋转运动，若工件也附加一旋转运动时，工件的孔可磨得更圆。在坐标磨孔机床中工具还作公转。工件的孔距靠坐标系统来保证。这种办法操作较方便，但机床结构复杂，制造精度要求高。电火花镗磨与磨削的不同之处是只有工件的旋转运动及电极的往复运动和进给运动，而电极工具没有旋转运动（见图7—10）。电火花镗磨虽

然生产率较低，但比较容易实现，而且加工精度高，表面粗糙度值小，小孔的圆度可达 0.003 ~ 0.005 mm，表面粗糙度值 $R_a < 0.32$ μm，故生产中应用较多。目前已经用来加工小孔径的弹簧夹头，可以先淬火后开缝再磨孔，特别是镶有硬质合金的小型弹簧夹头和内径在 1 mm 以下、圆度在 0.01 mm 以内的钻套及偏心钻套；还用来加工粉末冶金用压模，这类压模材料多为硬质合金。

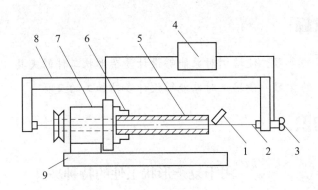

图 7—10 电火花镗磨示意图

1—工作液管 2—电极丝（工具电极） 3—螺钉 4—脉冲电源 5—工件

6—三爪自定心卡盘 7—电动机 8—弓形架 9—工作台

电火花磨削机床在修旧利废中也发挥着很大的作用。图 7—11 为挤形模具实例。工件孔径为 1.13 mm，使用后孔径磨损变大，出口处呈喇叭口。现利用外圆和端面定位，将孔径磨成 1.6 mm。另外，如微型轴承的内环、冷挤压模的深孔、液压件深孔等，采用电火花镗磨均取得了较好的效果。

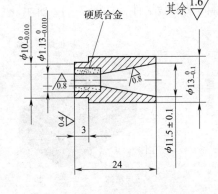

图 7—11 挤形模具实例

四、注意事项

（1）训练较复杂零件装夹、找正方式。

（2）训练薄壁、曲线、曲面加工方法，手工编制非圆曲线、曲面加工程序。

（3）熟练掌握一种 CAD/CAM 软件对复杂零件进行实体或曲线曲面造型，并能安排复杂零件的三轴联动铣削工艺，根据所使用的数控机床对加工程序进行工艺参数选择及后置处理。

（4）根据加工要求设计简单专用夹具，拼装简单组合夹具。

（5）对零件多工种数控加工工艺进行合理性分析。

第三节 工 艺 装 备

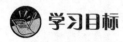 学习目标

➤通过本节的学习，使培训对象能够设计复杂形状工件的夹具。

➤通过本节的学习，使培训对象能够设计多轴加工的夹具。

 相关知识

用于复杂形状工件的特种夹具

1. PCBF 夹具

PCBF（Phase Change Based Fixturing）技术是一种用于解决任意形状工件夹紧的安装技术。这种技术是将工件放入箱体内，浇入熔化的低熔点合金，通过合金的凝固来夹紧工件，如图 7—12 所示。

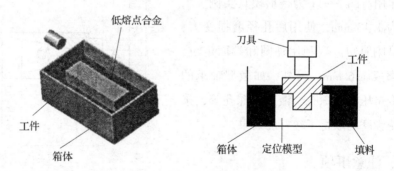

图 7—12 PCBF 夹具

PCBF 技术的提出较好地解决了复杂形状工件的夹紧问题，不仅可以提高切削效率，解决夹紧点集中、夹紧力过大的问题，更重要的是解决了转换工序夹紧面的工件夹紧问题。

2. RFPE 夹具

基准自由的零件密封技术（Reference Free Part Encapsulation）是一种装夹定位新技术，是 PCBF 技术的发展。RFPE 技术通过基准自由工件的连续封装，解决了PCBF 技术不同工序间的定位问题。

　　如图 7—13 所示为 RFPE 夹具的基本原理。首先依据定位元件或装置，确定工件毛坯的初始位置，用填料包围毛坯，形成规则的毛坯—填料实体，在机床上安装初始实体，完成相应工序的特征加工，如果需要进行工序或安装转换时，通过补充填料，恢复实体的初始形状，即通过实体表面保留工件最初的位置信息，以作为新的安装过程中工件定位的线索，当实体复原后，根据需要，翻转并重新在机床上安装实体，完成新工序的特征加工，依次反复，直至完成零件的全部加工，熔解填料取出完工的零件。

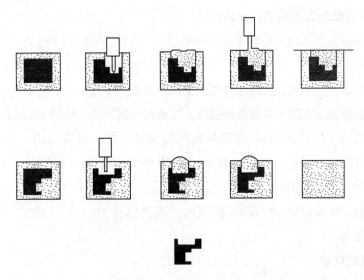

图 7—13　RFPE 夹具的基本原理

　　RFPE 技术解决了以往不规则异型件难以定位装夹的问题，其主要优势在于：

　　（1）使工件在工序（或安装）转换过程中不再需要重新定位。

　　（2）消除了用于工件定位与夹紧的工艺要素，从而省去了为生成这些工艺要素而进行的安装与加工。

　　（3）简化和规范了工件的安装工艺，有利于实现工艺设计自动化，有利于实现工件安装方案设计与工艺过程设计的并行作业。

　　（4）工件的安装调整可以离线进行，从而可以大大提高机床利用率。

　　但是，RFPE 技术仍然存在有不足之处：

　　（1）将熔融填料注入 RFPE 夹具时，工件在夹具中产生漂移。

　　（2）当采用 RFPE 夹具对工件进行加工时，RFPE 夹具的定位装置或结构将限制机床刀具运动，使机床无法加工工件的某些特征。在这种情况下，通常应将工件从夹具中取出重新安装，才能继续加工。

（3）定位装置或 RFPE 夹具的原始误差通常影响工件的加工精度，特别是工件的部分特征在使用 RFPE 夹具之前已加工完成的情况下，这种影响尤其重要。

 **操作技能**

五轴加工专用夹具应用

1. 用于五轴加工的组合式夹具设计

由于五轴加工分五轴定位加工和五轴联动加工两种。五轴加工时为了有效避免干涉和增加刀具运动刚度，通常要求刀具长度较短，这样就要求加工工件的切削表面需要离开工作台面一定距离，尤其是体积较小的平面板类零件。为了使刀具能自由地接触到工件加工表面，专用夹具需要能够将工件抬高一定距离。如图 7—14 所示，这是一种和三轴加工时常用的平口钳原理相似的夹具系统，是专门用于五轴精密加工的组合夹具系统，位于基础底板 1 上的钳座 2 设计成可移动的，钳口 4、6 由固定螺钉 5 固定到钳座上，钳口压紧工件是由拉紧螺杆 10、拉紧螺杆接头 7 和 19、拉紧螺母 3 和 9、套管 18 实现的，而支撑板 16 和定位件 12、13 能为工件确定基准位置。

2. 夹具的优点

和传统的平口钳夹具相比，该专用夹具有下列优点：

（1）改变传统的平口钳夹紧方式，在接近零件装夹底面的位置利用螺杆拉紧钳口来保证夹紧力（见图 7—15），经检测可以产生较高夹紧力（最高达 40 kN）。

（2）钳口平面和工件贴合紧密，夹具本身没有变形。

（3）高刚度可以保证最大的切削力。

（4）专门设计的结构最少只要夹持 8 mm 高度的工件底面，即可保证实施无空间干涉的五轴定位或联动加工。

（5）只要机床工作台行程能保证，钳口间的夹持距离任意可调，两个钳口中一个是动钳口，另一个可以在任意直线距离上定位。装夹工件尺寸范围很大。

（6）通过变换结构，可以夹持平面、圆柱、形状不规则工件，如图 7—16 所示，这样可以大大扩展工艺范围。

（7）可以使用浮动夹头定位。

（8）此专用夹具既可以安装在 T 形槽工作台平面上，也可以安装在孔系平面上。

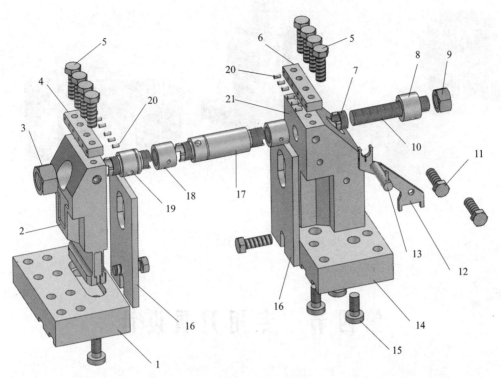

图7—14 五轴加工专用夹具系统

1、14—用于T形槽和M12/M16孔系方式定位的基础底板 2—移动钳座

3、9—拉紧螺母 4、6—钳口 5—钳口固定螺钉 7—拉紧螺杆内接头 8—套筒 10—拉紧螺杆

11—定位支架固定螺钉 12—定位杆支架 13—定位杆 15—底板/钳座固定螺钉 16—支撑板

17—接长拉紧螺杆 18—套管 19—拉紧螺杆外接头 20—钳口销钉 21—固定钳座

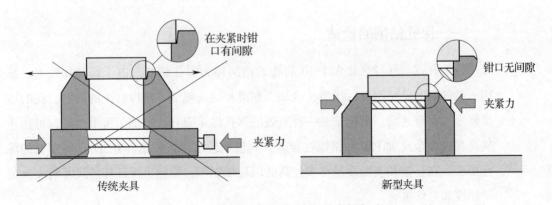

图7—15 传统夹具和新型夹具的夹紧力对比

图 7—16　组合装夹图例

第四节　专用刀具设计

 学习目标

➤通过本节的学习，使培训对象能够了解专用刀具的设计方法。

 相关知识

一、深孔钻削的枪钻

一般孔深与孔径之比大于 10 的孔的钻削称为深孔钻削。由于长径比较大，采用一般的麻花钻钻削时，排屑、冷却、润滑和导向就成了难以解决的问题，孔的质量要求也很难达到。而枪钻是一种有效的深孔加工刀具，其加工范围很广，可用于从高强度合金（如 P20 和铬镍铁合金）到玻璃纤维、特氟龙（Teflon）等塑料的深孔加工。在公差和表面质量要求较高的深孔加工中，枪钻可保证孔的尺寸精度、位置精度和直线度。

1. 枪钻的工作原理

枪钻工作时，切削液被高压泵通过循环冷却系统经钻杆内部送入切削部分，以冷却和润滑刀具，并依靠切削液的压力再将切屑从孔的内壁与钻杆上的 V 形槽排出（见图 7—17）。工作时，枪钻可由机床主轴带动旋转加工，也可枪钻固定而工件旋转，工件旋转时加工出的孔的形位公差精度更高。

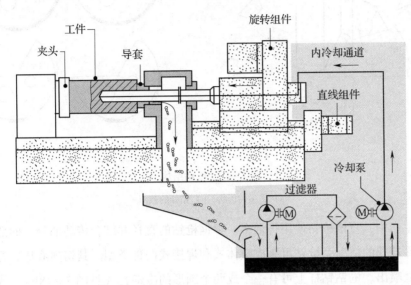

图 7—17 枪钻的工作原理

2. 枪钻的结构

枪钻由钻尖、钻杆和刀柄三部分组成。

（1）钻尖

钻尖部分是枪钻的最重要部分，它担负着重要的钻削工作，为了保证被加工孔的精度，在它的圆周部分设计有导向块，其在导向孔的引导下一次进刀就可以加工出高精度的孔。钻尖结构形式根据不同的加工条件有多种类型可供选取（见图 7—18a）。钻尖材料则采用高品质超细晶粒硬质合金，并涂以 TiN、FIRE 或 MolyGlide 涂层，具有非常高的硬度和韧性，极大地提高了枪钻的钻削性能和使用寿命。

（2）钻杆

钻杆通常采用 V 形结构设计，外径略小于钻尖，在保证钻杆有足够的强度和刚度的前提下，钻杆的切削液孔和排屑空间尽可能做到最大，以利于钻尖部分的冷却、润滑和排屑。钻杆可以采用与钻尖一体化的硬质合金磨制而成，也可采用高等级无缝钢管轧制而成。

（3）刀柄

刀柄部分主要用来传递动力。

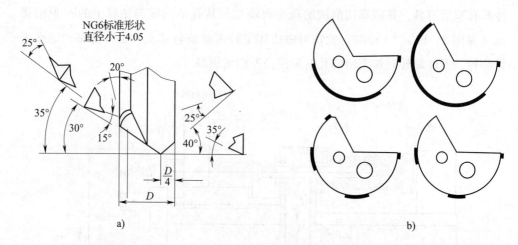

图 7—18　枪钻结构

a）钻尖的形状　b）钻杆的截面

在生产中，直槽枪钻使用得最多。根据枪钻的直径并结合传动部分、柄部和刀头的内冷却孔的情况，枪钻可制成整体式和焊接式两种类型。其切削液从后刀面上的小孔处喷出。枪钻钻杆上可有一个或两个圆形的冷却孔（见图 7—18b），或单独一个腰形孔。

3. 枪钻的使用

枪钻往往做成单刃刀头形式，它一般适用于加工直径为 1.5 ~ 20 mm 的小径深孔，长径比可达 100，枪钻最长可达 3 000 mm，被加工工件的表面粗糙度值为 $R_a 0.4 ~ 1.6 \mu m$，孔径精度为 IT7 ~ IT9 级，孔的直线度精度高，并且孔口无毛刺，重复精度高，广泛适用于汽车制造业、飞机船舶制造业和机床制造等行业，主要加工对象为缸体、缸盖、曲轴和各种引擎零件等。

由于刀头是用硬质合金制造的，所以枪钻的切削速度比高速钢钻头要高得多，这可增加枪钻每分钟的进给量。另外，当使用高压切削液时，其切屑能从被加工孔中有效排出，无须在钻削过程中定期退刀来排出切屑。尽管枪钻的每转进给量较低，但其每分钟进给量却比麻花钻大（每分钟进给量等于每转进给量乘以刀具或工件转速）。

使用枪钻加工经常会发生不可预测的失效，表现形式为钻头破损和刀片过度磨损。这些失效将导致被加工孔的质量恶化，造成表面粗糙度值大、跳动大和轴线偏移。正确使用枪钻是避免失效的关键，例如用枪钻加工倾斜孔时，操作人员应使用专用导套，并保证切削液充分，并使钻套底面和工件表面的距离为 0.5 mm，钻套和主轴的同轴度误差不超过 0.005 mm。所采用的钻套应是用硬质合金或高合金工具钢制造的精密枪钻钻套，其硬度为 63 ~ 65 HRC，内孔表面粗糙度值 R_a 为 16 ~ 32 μm，内外径最大允许同轴度为 0.002 mm，前端面最大允许跳动为 0.005 mm。

当钻套和钻头的旋转轴线之间的同轴度超差时，枪钻通常会失效，如钻尖的撞击，这种撞击会由于脆弱的硬质合金刀尖不能承受由不同轴引起的弯曲应力而造成刀片碎裂。

如果是钻头旋转而不是工件旋转，这种情况将变得更差，因为这种压力将重新作用于刀尖的不同部位。当压力作用于最薄弱的部位（即刀尖转角）时，刀尖将破裂。

当枪钻长度增加时，刀具的刚度下降。当对中性不好时，枪钻的柄部不会传递更大的弯曲力到刀尖，因此刀尖不会损坏，但会引起刀柄颤动，导致疲劳失效。

切削液供应不充分也是引起刀具失效的原因。它会使切屑堆积在排屑槽中，这些受挤压的切屑形成堵塞，使过大的转矩作用于枪钻，当枪钻的 V 形槽被堵塞时，刀头将与刀柄分离。此时用户通常认为是枪钻生产厂商对枪钻的刀头与刀柄焊接不牢而造成刀头与刀柄分离，但制造商并不能控制安装和具体的枪钻系统的操作。如果在加工时发生问题，应派销售代表去了解情况并填写失效原因的分析表。

加工直径小于 4 mm 的深孔时，必须用高压切削液。然而大多数机床使用的是低压切削液传输系统。目前已有用于加工小深孔的切削液增强泵和高压循环单元。可调压力泵最高能以 3 000 Pa 压力传输切削液。在大多数应用场合，由于钻头旋转，要求使用一个旋转连接器（也称高压接头）提供来自机床主轴的切削液。其标准连接器允许的最大压力为 1 000 Pa，这对于小孔的深加工来说太低了，这样的连接器无法与高压冷却泵一起工作。

二、Coromill390 立铣刀的应用

Coromill390 是用于高效数控铣削加工的多功能立铣刀，其切削范围很广，从轻载到重载切削都可应用。11 mm 刀片为首选刀片，在精铣侧壁时搭刀误差最小。当切深超过 10 mm 或者刀尖圆弧半径超过 3.1 mm 时建议使用 17 mm 刀片（见图 7—19）。

1. Coromill390 应用特点

（1）大坡走角用斜向进给铣削。

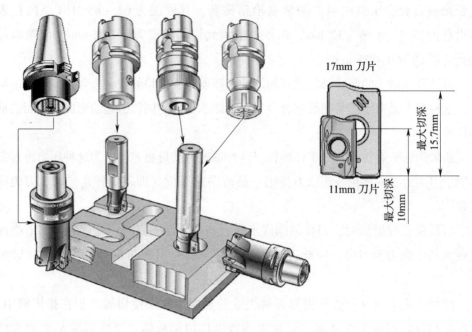

17mm 刀片

最大切深 15.7mm

11mm 刀片

最大切深 10mm

图 7—19　Coromill390 刀具应用场合

（2）可以用于大孔螺旋插补镗孔。

（3）用于粗铣和精铣侧壁时接刀误差小。

（4）如果刀杆夹持部分悬伸太长，可以采用插铣方法。

（5）刃口为螺旋设计，模拟整体硬质合金立铣刀刃口的机夹刀片。与直刃口铣刀片相比，螺旋刃口使铣削台阶时形成精确的 90°，所以长侧壁铣削搭刀最小，螺旋刃口铣削毛刺最小。

2. Coromill 的推荐夹持方法

（1）Capto 模块式夹紧是最稳固的连接方式，这时铣刀铣削用量可以取最大推荐切深和进给量。侧压式夹持也是非常稳固的夹持方式，而且刀柄的价格便宜，但是上面两种方式刀柄的悬伸量固定无法调整。

（2）使用强力液压夹头 CoroGrip 是夹持圆柱柄立铣刀的最佳方式，70 MPa 的夹持强度可以产生强大的转矩，例如 ϕ32 mm 刀柄可以产生 1 200 N·M 的夹持力，特别适合 ϕ25 mm 以上的铣刀柄。同时 2 μm 以下的根部径向跳动保证刀片寿命，特别是 8 000 r/min 以上的转速，Capto 和 CoroGrip 是唯一推荐的刀柄。

（3）弹簧夹头适合夹持 ϕ25 mm 以下的立铣刀作中低速铣削。圆柱柄立铣刀的最佳悬伸量不超过 2.5 倍铣刀柄直径。

Coromill390 刀具的切削参数推荐值如图 7—20 所示。

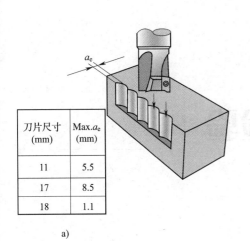

刀片尺寸 (mm)	Max.a_e (mm)
11	5.5
17	8.5
18	1.1

a)

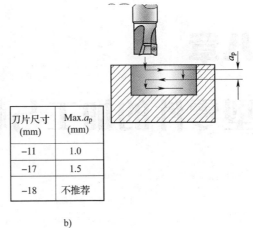

刀片尺寸 (mm)	Max.a_p (mm)
-11	1.0
-17	1.5
-18	不推荐

b)

铣刀直径 D_c(mm)	Max.a_p (mm)	坡走角α(°)	最短坡距 (mm)
刀片-11			
16	10.3	10.5	54.0
20	10.2	5.5	103.9
25	10.1	5.0	114.3
32	10.0	3.6	158.9
40	10.0	2.0	286.4
50	10	1.5	382
63	10	1.2	477.4
80	10	0.9	636.6
刀片-17			
25	16.0	15.5	59.7
32	15.9	6.7	135.4
40	15.8	3.9	231.8
50	15.8	2.8	323.0
63	15.8	2.1	430.9
80	15.8	1.6	565.7
100	15.8	1.2	754.3
125	15.8	1	905.2
刀片-18	不推荐坡走		

c)

图 7—20　Coromill390 刀具的切削参数推荐值

a）插铣　b）层铣　c）坡铣

第八章

异型零件的加工与检验

第一节　异型零件的加工

 **学习目标**

➤通过本节的学习，使培训对象了解异型零件的加工技术。

 **相关知识**

一、复合加工以及车铣复合加工的概念

所谓复合加工技术，就是在一台设备上完成车、铣、钻、镗、攻螺纹、铰孔、扩孔等多种加工要求，其中，车铣复合加工中心就是这一技术的典型代表，对于有些异型复杂结构的回转体类零件来说，除了用到车削加工外，还需要使用铣削或钻削才能完成的孔或平面轮廓的加工。在传统的金属切削加工领域，加工方式主要分两种：以工件转动的加工方式，即用车床加工零件；以刀具转动的加工方式，即用铣床或加工中心加工零件。而车铣复合加工中心就是这两种加工方式的结合，既能够完成车削功能，又能够完成铣、钻、镗、攻螺纹、铰孔、扩孔等功能。目前，在传统的数控车床基础上再增加副主轴、带动力头的刀架、主轴数控分度的数控车削中心的应用越来越广（见图8—1），可以实现异型回转体零件的高效精密加工。

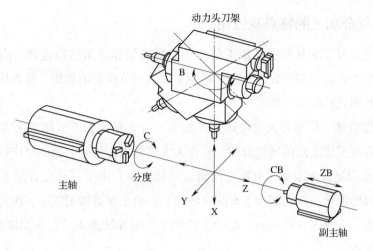

图 8—1　复合车铣加工

　　车削中心的主传动系统与数控车床基本相同，只是增加了主轴的 C 轴坐标功能，以实现主轴的定向停车和圆周进给，并在数控装置控制下实现 C 轴、Z 轴联动插补，或 C 轴、X 轴联动插补，以进行圆柱面上或端面上任意部位的钻削、铣削、攻螺纹及曲面铣加工。如图 8—2 所示为 C 轴的功能简图。如图 8—2a 所示，让 C 轴分度定位（主轴不转动），在圆柱面或端面上铣直槽；如图 8—2b 所示让 C 轴、Z 轴实现插补进给，在圆柱面上铣螺旋槽；如图 8—2c 所示，让 C 轴、X 轴实现插补进给，在端面上铣螺旋槽；如图 8—2d 所示，让 C 轴、X 轴实现插补进给，在圆柱面或端面上铣直线和平面。

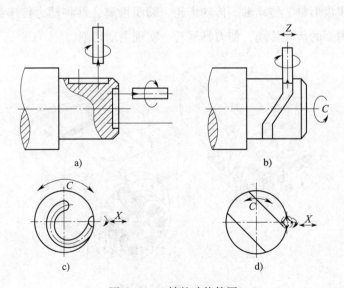

图 8—2　C 轴的功能简图

a）在圆柱面或端面上铣直槽　b）在圆柱面上铣螺旋槽　c）在端面上铣螺旋槽　d）铣直线和平面

二、复合加工的特点及效用

（1）复合加工机床将提高加工精度、提高质量和品质的稳定性。由于复合加工机床一次装夹完成多道加工工序，避免了多次定位误差的累积，从而保证了工件质量，可达到更高的精度要求。

（2）复合加工机床将大大提高生产效率。由于复合加工机床省去多次装夹定位时间、各道工序之间的辅助时间，从而大大缩短加工工时，提高生产效率。

（3）使用复合加工机床可减少投资、降低成本。由于一台复合加工机床可顶替多台传统的机床，因此减少了车间占地面积，由于多道加工工序一次完成，节省了中间仓库、半成品堆放场地，减少了管理工作量和管理人员，从而既减少投资，又降低了成本。

三、车削中心用动力刀架

如图8—3a所示为意大利Baruffaldi公司生产的适用于全功能数控车床及车削中心的动力转塔刀架。刀盘上既可以安装各种非动力辅助刀夹（车刀夹、撞刀夹、弹簧夹头、莫氏刀柄），夹持刀具进行加工，还可安装动力刀夹进行主动切削，配合主机完成车、铣、钻、镗等各种复杂工序，实现加工程序自动化、高效化。

如图8—3b所示为该转塔刀架的传动示意图。刀架采用端齿盘作为分度定位元件，刀架转位由三相异步电动机驱动，电动机内部带有制动机构，刀位由二进制绝对编码器识别，并可双向转位和任意刀位就近选刀。动力刀具由交流伺服电动机驱动，通过同步齿形带、传动轴、传动齿轮、端面齿离合器将动力传递到动力刀夹，再通过刀夹内部的齿轮传动，使刀具回转，实现主动切削。

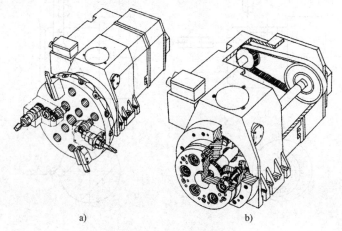

a)　　　　　　　　　　b)

图8—3　动力转塔刀架

a）刀架外形　b）传动示意图

 **操作技能**

车铣复合加工

如图 8—4 所示为车铣复合加工零件图。零件毛坯为圆棒料，加工后的零件一端为六方形，另一端为圆柱，圆柱侧面有 4 个槽和 4 个孔。要求在数控车削中心（型号：德马吉 CTX310。数控系统：SINUMERIK 840D）上加工此零件。

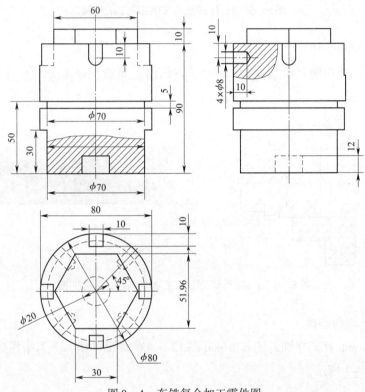

图 8—4　车铣复合加工零件图

从图样可以看出，此工件为异型结构的旋转体零件，在圆柱的端面和圆周分布有直槽、平面轮廓等铣削加工要素，具有车铣复合工艺特征，故适合用车削中心来加工。首先根据图样确定加工工序，然后编制加工程序。

1. 加工操作步骤

（1）车外圆

采用液压三爪卡盘装夹，先夹住一端加工 ϕ80 mm 外圆，长度为 25 mm。在车削外圆的过程中，使用 35°外圆车刀，如图 8—5 所示。

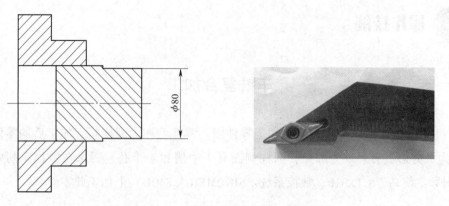

图 8—5　35°外圆车刀车削 ϕ80 mm 外圆

（2）切外圆凹槽

用 3 mm 外切槽刀加工 ϕ70 mm×5 mm 的槽，如图 8—6 所示。

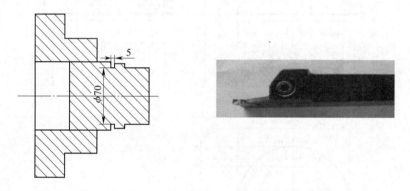

图 8—6　3 mm 外切槽刀加工 ϕ70 mm×5 mm 凹槽

（3）铣端面凹槽

用 ϕ16 mm 直柄立铣刀铣 ϕ20 mm 深 12 mm 的端面凹槽，下刀采用螺旋下刀方式，如图 8—7 所示。

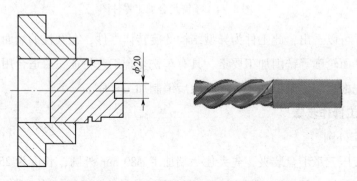

图 8—7　ϕ16 mm 直柄立铣刀铣削端面凹槽

（4）掉头车削外接圆

将工件掉头装夹，外露 70 mm，使用 35°外圆车刀车削外圆，首先将六方体的 ϕ16 mm 外接圆加工到尺寸，为铣削六方体去除余量，做好准备，如图 8—8 所示。

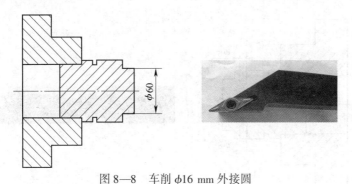

图 8—8　车削 ϕ16 mm 外接圆

（5）加工六方体

用 ϕ16 mm 直柄立铣刀加工六方体，如图 8—9 所示，分粗精加工。粗加工时切削深度不能太大，应采用小切深大进给的方法。

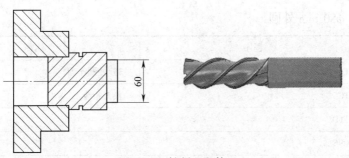

图 8—9　铣削六方体

（6）铣圆周槽

用 ϕ10 mm 键槽铣刀铣圆周槽，加工时切削深度不能太大，应采用小切深大进给的方法，如图 8—10 所示。

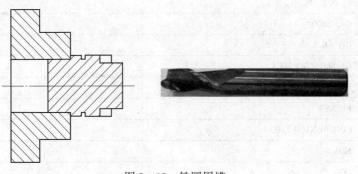

图 8—10　铣圆周槽

（7）加工侧面孔

加工圆柱体侧面的孔，先用中心钻打定位孔引正，然后换 $\phi8$ mm 麻花钻钻孔，如图 8—11 所示。

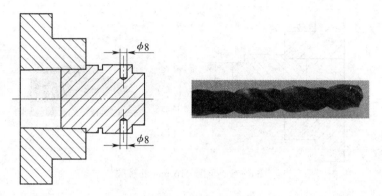

图 8—11　钻侧面 $4 \times \phi8$ 孔

2．加工程序

根据上述的加工路线分析编制 840D 数控系统的加工程序如下：

（1）车 $\phi80$ mm 外圆

语句号	程序	注释
10	T1	35°外圆车刀
20	TC	换刀指令
30	T1D1	
40	G95	
50	G0 G40 X100 Z100	
60	M03 S700	
70	G0 X87 Z1	
80	CYCLE95（OO：PP，2，0.05，1，0，0.2，0.1，0.1，9，0，0.1）	车削循环指令
90	G42 S800	
100	OO：G0 X76	
110	G1 X80 Z－1 F0.1	
120	Z－55	
130	PP：X87	
140	G0 G40 X100 Z100	
150	M05	
160	M30	

（2）车削 φ70 mm × 5 mm 凹槽

语句号	程序	注释
10	T2	切槽刀
20	TC	换刀指令
30	T2D1	
40	G95	每转进给
50	G0 G40 X100 Z100	
60	M03 S800	
70	G0 X90 Z2	
80	Z - 50 F0. 1	
90	CYCLE93 （85， - 40， 10， 5， 0， 0， 0， 0， 0， 0.5， 0.5， 2， 0， 5， 1）	切槽循环指令
100	G0 X100	
110	Z100	
120	M05	
130	M30	

（3）铣 φ20 mm 深 12 mm 的端面圆凹槽

语句号	程序	注释
10	T3	φ16 mm 立铣刀
20	TC	换刀指令
30	T3D1	
40	G94	每分钟进给
50	G0 G40 X100 Z100	
60	SETMS （1）	设定第一轴为主动轴
70	SPOS ［4］ ＝0	第四轴锁死
80	M1 ＝ 3 S1 ＝ 500	第一轴正转，转速 500 r/min
90	G0 Z30	
100	TRANSMIT	激活端面铣削功能
110	DIAMOF	直径编程无效开启
120	G17	选择 G17 平面
130	G54 G90 G0 X0 Y0	
140	Z5	
150	G41 X10 D01	
160	G1 Z0 F60	

语句号	程序	注释
170	R1 = 0	设定自变量初始值为0
180	AA: R1 = R1 + 2	自变量增量为2
190	G3 X10 Y0 I – 10 Z = – R1	螺旋下刀铣圆槽
200	IF R1 < 10 GOTOB AA	变量条件式
210	G3 X10 Y0 I – 10	
220	G0 Z30	
230	G40 X100	
240	DIAMON	直径编程无效关闭
250	TRAFOOF	取消端面铣削功能
260	G18	选择 G18 平面
270	G95	每转进给
280	G0 X100 Z100	
290	M05	
300	M413	第四轴松开
310	M30	

（4）车 ϕ60 mm 外接圆

语句号	程序	注释
10	T1	35°外圆车刀
20	TC	
30	T1 D1	
40	G95	按每转进给
50	G0 G40 X100 Z100	
60	M03 S900	
70	G0 X87 Z1 F0. 1	
80	CYCLE95（"OO: PP, 2, 0.05, .1, 0, 0.2, 0.1, 0, 1, 9, 0, 0.1)	车削循环指令
90	G42 S900	
100	OO: G0 X56	循环定义
110	G1 X60 Z – 1 F0. 1	
120	Z – 15	
130	X80	
140	Z – 55	
150	PP: G0 X87	循环定义

续表

语句号	程序	注释
160	G40 X100 Z100	
170	M5	
180	M30	

（5）铣六方体

语句号	程序	注释
10	T3	φ16 mm 立铣刀
20	TC	换刀指令
30	T3D1	
40	G94	每分钟进给
50	G0 G40 X100 Z100	
60	SETMS（1）	设定第一轴为主动轴
70	SPOS［4］=0	第四轴锁死
80	M1=3 S1=600	第一轴正转，转速600 r/min
90	G0 Z30	
100	TRANSMIT	激活端面铣削功能
110	DIAMOF	直径编程无效开启
120	G54 G90 G0 X40 Y40	
130	G1 Z0 F60	
140	LY P5	子程序名
150	G90 Z30	
160	DIAMON	直径编程无效开启
170	TRAFOOF	取消端面铣削功能
180	G18	
190	G95	
200	G0 X100 Z100	
210	M05	
220	M413	
230	M30	
	子程序 LY	
10	G91 G1 Z-2	
20	G90 G1 G42 Y25.98 D01	
30	X-15	
40	X-30 Y0	

续表

语句号	程序	注释
50	X15 Y – 25.98	
60	X15	
70	X30 Y0	
80	X12.95 Y29.53	
90	G40 X40 Y40	
100	M17	子程序结束

（6）铣圆柱面 10 mm 槽

语句号	程序	注释
10	T6	ϕ10 mm 键槽立铣刀
20	TC	换刀指令
30	T6D1	
40	G94	
50	G0 G40 X100 Z100	
60	SETMS（1）	设定第一轴为主动轴
70	SPOS［4］= 0	第四轴锁死
80	M1 = 3 S1 = 700	第一轴正转，转速 700 r/min
90	DIAMOF	直径编程无效
100	G0 X45 Z15	
110	G1 X40 F70	
120	MM P5	调用子程序，调用 5 次
130	G0 X100	
140	Z100	
150	DIAMOF	直径编程有效
160	M05 M30	
	子程序　MM	
10	G91 G1 X – 2	
20	C4 = 0	C 轴旋转到 0°
30	M412	卡盘锁死
40	G90 Z – 10	
50	Z – 10	
60	Z15	
70	M413	卡盘松开
80	G0 C4 = IC（90）	C 轴旋转到 90°

续表

语句号	程序	注释
90	M412	
100	G1 Z－10	
110	Z15	
120	M413	
130	G0 C4＝IC（180）	C 轴旋转到 180°
140	M412	
150	Z－10	
160	Z15	
170	M413	
180	G0 C4＝IC（270）	C 轴旋转到 270°
190	M412	
200	Z－10	
210	Z15	
220	M413	
230	M17	子程序结束

（7）钻 $4 \times \phi 8$ mm 孔

语句号	程序	注释
10	T10	$\phi 8$ 麻花钻
20	TC	
30	T10D1	
40	G94	
50	G0 G40 X100 Z100	
60	SETMS（1）	设定第一轴为主动轴
70	SPOS［4］＝0	第四轴旋转到 0°锁死
80	M1＝3 S1＝900	
90	DIAMOF	直径编程无效
100	G0 X50	
110	Z－10	
120	R1＝45	设定自变量初始值为 45
130	AA:	
140	M413	
150	G0 C4＝R1	C 轴旋转
160	M412	

续表

语句号	程序	注释
170	YF100	
180	CYCLE83（50，40，5，30,,38,,2，0,,1，0，2,,0.5,,）	打孔循环
190	G0 X50	
200	R1 = R1 + 90	自变量的运算式
210	IF R1 < 405 GOTOB AA	变量条件式
220	DIAMON	
230	G0 X100	
240	Z100	
250	M413	
260	M05	
270	M30	

3. 加工操作注意事项

（1）在调整轴向刀具时，可能会出现刀具与卡盘相互干涉现象，如图 8—12 所示。所以掉换刀具位置后，需要重新对刀（或将对刀数值互相掉换）。在不熟悉机床时应尽量重新对刀，以免弄错刀具数值。

图 8—12　刀具与卡盘发生干涉

（2）在加工过程中出现孔偏现象，这是由于最初未打中心孔或第一次钻孔太深使得重新装夹毛坯后导致孔引偏。找正毛坯、重新安装中心钻、调整打孔深度可以避免这一现象发生。

（3）在一次装夹同时车削两件时，需要在基本偏置数值中增加一个工件长度及刀具宽度偏置量。那么在重新装夹零件时必须将此值改为零，以免扎刀。

（4）在换刀时，应将刀退到安全位置，防止刀具与尾座碰撞。也可防止刀具与其他地方发生碰撞。

（5）注意区分 G94 和 G95 两条指令的运用，以免发生撞刀。

（6）在选用刀座过程中，刀座一定要与被选用的刀具相匹配，防止刀具刀尖位置不对。若刀具与刀座不匹配，刀尖就会偏低或偏高，如图 8—13 所示。

图 8—13　刀尖位置产生偏差

（7）在铣削过程中，如果不是 C 轴与 X 轴联动时，则要把 C 轴保持锁紧状态，不能使两轴能同时转动。

（8）在安装径向刀具时，刀具外露长度不能大于 60 mm。

第二节　专用检具设计与零件检验

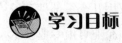 学习目标

➢通过本节的学习，使培训对象了解专用检具设计技术。

➢通过本节的学习，使培训对象掌握特殊零件的检验方法。

相关知识

在一些大中型机械加工企业中，对某些需要检测的零件尺寸，使用通用检具测量很不方便，甚至根本无法测量，必须设计专用检具。但不少企业对专用检具的管理不太重视，有的检具既不开合格证，又没有列入周期检定，往往使用一段时间后，已经不合格了却继续用于测量，影响产品质量。在此，介绍某企业对专用检具管理的经验，供参考。

一、专用检具的设计、制造和检验

首先，企业应根据机械零件加工测量需要，由设计部门设计专用检具。设计过程中，应进行设计审校、验证、设计确认等，然后按 ISO 9000 标准文件和管理方法管理。若设计图样需要更改时，必须通过计量部门和制造部门认可。

根据设计图样制作的专用检具应由质检部采用全检法进行检验。检验合格者应用钢印刻上编号、检定号及有关的测量尺寸，开具合格证再送入检具库。

二、专用检具的领用和周检

使用部门从检具库领回新的专用检具，应即时经计量室检验确认、登记、换卡、开具合格证后方能使用。在检测合格证上应注明检验日期、检定周期及有效期等，以便列入正常周检计划。检定周期长短应根据使用频率、使用环境、量具本身结构等确定。

三、专用检具的日常管理

对从计量室领回的专用检具，必须及时登记、入账，并由专人管理，严格遵守借还制度。管理人员需按周检计划将专用检具送检，换取新的合格证。

在使用中若发现某检具出现异常，应及时送计量室检测确认。使用者平时要负责对检具的日常维护、保养。有关部门也应进行监督和考核。

四、专用检具的报废、回收、利用

专用检具的报废须由计量室认可并收回，防止流入生产现场。

对于某些专用检具因设计复杂、制造麻烦或成本较高，而仅因几个零部件不符合要求而报废者，或有的经修磨便可重新使用者，为减少浪费，企业可由专业技术人员专门处理。如可再利用必须经计量室检测认可并开具合格证。

实践证明，对自制专用检具如注意严格管理，将能有效地保证产品质量。

操作技能

为叶片检验设计专用检具

　　本书技师篇第四章第三节所述的叶片零件属于复杂曲面，其加工完成后的尺寸及形状的检验无法用通用检具进行检测，需要根据零件的设计技术要求采用专用检具进行检测，目前较为精确的自动测量方法是利用三坐标测量仪，对曲面进行扫描获得空间坐标数据，然后和设计模型进行比对，从而确定加工精度。如果企业暂时缺乏三坐标测量设备，则可以自主设计基于样板的专门检具。如图 8—14 所示为采用截面样板定位方法来检测叶片型面，主要工作是设计制作叶片多个截面的样板和叶片定位夹具，通过夹具上的定位销和样板来实施检测，叶片的夹具机构设计前面一章已述及，这里主要讨论样板检测方法。

图 8—14　采用截面样板定位方法来检测叶片型面

如图 8—14 所示，为了检测复杂叶片型面，设计了专用检具。在该叶片检具的设计过程中，为了对叶片零件进行固定，设计了定位板及圆柱销（叶片检具设计中除了通过截面定位销来限制型面样板的位置外，还可以采用定位板）。定位板除了对叶片进行定位外，同时作为叶背型面截面样板的定位基准，如图 8—15 所示。

图 8—15 叶片的定位和叶背型面检测样板安装

叶片型面样板根据检测的部位一般分为叶背和叶盆型面检测样板，如图 8—16 所示为检测叶背型面检测样板。

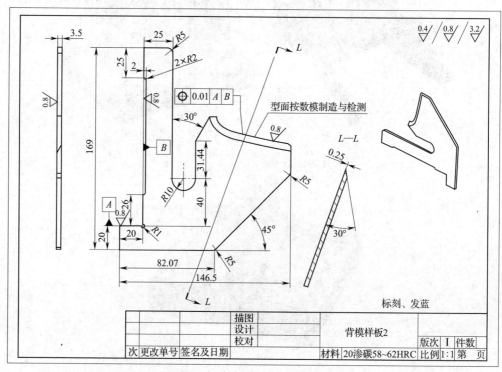

图 8—16 叶背型面检测样板

为了保证检测精确，型面样板理论厚度为 0.0 mm 的时候，可以保证与型面完全贴合，但是考虑到刚度和精度，选用 3.5 mm 厚的板料，同时在型面接触区域进行倒角，例如 0.25 mm 的刃部和 30°的倒角制作。

通过对型面样板工艺分析，制造中要保证型面基准 A、B 和叶片型面的一致，保证其制造精度，所以对于叶片型面样板的制造采用了慢走丝机床一次加工来完成。

1．样板的关键技术要求

（1）样板的材料

板料采用 20 钢制造，渗碳层深度按样板厚度确定（见表 8—1），淬火 58 ~ 62HRC。

表 8—1　　　　　　　　板料渗碳层深度　　　　　　　　mm

零件厚度	≤3	3 ~ 5	>5
渗碳层深度	0.3 ~ 0.5	0.5 ~ 0.8	0.8 ~ 1.2

（2）样板的表面粗糙度

样板的表面粗糙度 R_a ≤ 0.4 μm。

（3）形位公差应在制造公差带内，不超过制造公差的 2/3。

（4）用接触感觉法和目测比较法，其量刃应保持锐边。

2．叶片专用检具的使用

对于叶片专用检具的使用，其测量一般包含如下三种方法，实际中可结合使用。

（1）目测比较

当型面加工误差较大时，可以直接看出样板和型面的间隙。

（2）接触感觉

当样板和型面接触区域贴合较好时，感觉很光顺。

（3）缝隙透光

当样板和型面吻合较好时，看不到光线从间隙透过来。

第九章

数控铣床维护与精度检验

第一节　数控铣床的维修

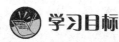 学习目标

➤通过本节的学习，能够使培训对象了解数控铣床电气设备的大修方法。

➤通过本节的学习，使培训对象能够合理调整数控系统相关参数。

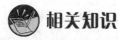 相关知识

一、数控铣床电气设备的检修周期、保养内容及完好标准

1. 检修周期

例行保养：一星期一次。

一级保养：一月一次。

二级保养：一年一次。

大修：与机械大修同时进行。

2. 数控铣床电气设备的例行保养内容

（1）向操作者了解设备运行情况。

（2）查看电气设备运行情况，看有没有不安全因素。

（3）听开关及电动机有无异常声响。

（4）查看电动机和线路有无过热现象。

（5）检查交直流电动机、继电器、接触器的工况。

3. 数控铣床电气设备的一级保养内容

（1）检查电气线路是否有老化及绝缘损伤的地方。

（2）清扫电气线路的灰尘和油污。

（3）拧紧各线路接触点的螺钉，要求接触良好。

（4）交直流电动机、继电器、接触器的一级保养。

（5）擦清限位开关内的油污和灰尘，要求接触良好。

（6）拧紧螺钉，检查手柄动作，要求灵敏可靠。

（7）检查制动装置中的速度继电器、硅整流元件、变压器、电阻等是否完好并清扫，要求主轴电动机制动准确，速度继电器动作灵敏可靠。

（8）检查按钮、转换开关、触动开关的工作，应正常且接触良好。

（9）检查快速电磁铁，要求工作准确。

（10）检查电气动作保护装置是否灵敏可靠。

4. 数控铣床电气设备的二级保养内容

（1）进行一保的全部项目。

（2）更换老化和损伤的电器，线缆及不能用的电气元件。

（3）重新核定继电器的工作性能，校验仪表。

（4）对制动二极管或电阻进行清扫和数据测量。

（5）测量接地否良好，测量绝缘电阻。

（6）试车中要求开关动作灵敏可靠。

（7）核对图样，提出对大修的要求。

5. 数控铣床电气设备的大修内容

（1）进行二保的全部项目。

（2）拆下配电板各元件和管线，并进行清扫。

（3）拆开旧的各电气开关，清扫各电气元件的灰尘和油污。

（4）更换损伤的电器和不能用的电气元件。

（5）更换老化和损伤的线缆，重新排线。

（6）除去电器锈迹，并进行防腐。

（7）重新更换继电器过流保护装置。

（8）油漆开关箱，并对所有的附件进行防腐。

（9）核对图样其他要求。

6. 数控铣床电气设备完好标准（技术验收标准）

（1）各电气开关线路整齐、清洁、无损伤，各保护装置信号装置完好。

（2）各接触点接触良好，床身接地良好，电动机电气绝缘良好。

（3）试验中各开关动作灵敏可靠，符合图样要求。

（4）开关和电动机声音正常、无过热现象，交流电动机三相电流平衡，直流电动机要求调速范围符合要求。

（5）零部件完整无损符合要求。

（6）图样资料齐全。

二、合理调整数控系统参数

利用参数诊断与维修机床就是在数控系统的 CRT 面板上调用参数设置画面，利用检查参数来判断故障类型、确定诊断与排除故障的方法。数控系统中被存入的参数值由机床生产厂家调整确定，它们直接影响数控机床的性能。参数通常存放在存储器中，一旦电池不足或受外界的某种干扰因素等影响，会使个别参数丢失或变化，使系统发生混乱，此时通过核对、修正参数，就能将故障排除。

数控机床 CNC 参数包括系统参数和用户参数两大类。

1. 系统参数

系统参数是数控系统制造商根据用户对系统功能的要求设定的，其中一部分参数对机床的功能有一定的限制，并有高级别的密码保护，这些参数用户不能轻易修改，否则将会丢失某些功能。

2. 用户参数

用户参数是供用户在使用机床时自行设置的参数，可随时根据机床使用的情况进行调整，如设置合理可提高设备的效率和加工精度，包括：

（1）与机械机构有关的参数

如各坐标轴的反向间隙补偿量、丝杠的螺距补偿参数（包括螺距补偿零点、螺距补偿的间隔距离、每点的补偿值等）、主轴的换挡速度与准停速度、回参考点的坐标值及运动速度、机床行程极限范围、原点位置的测量方式等。这些参数设置不当，机床就不能正常工作。

（2）与伺服系统有关的参数

如到位宽度（坐标轴移到这一区域，就认为到位）、位置误差极限（即机床的各坐标允许的最大位置误差，超过该值时会产生伺服报警）、位置增益（即系统的

KV 值，该参数设定时应使各联动坐标的 KV 相等)、漂移补偿值 (伺服系统能自动进行漂移补偿，该参数就是实际的补偿量)、快速移动速度 (维修时可对该参数进行修改，以限定坐标移动的速度)、切削进给速度的上限 (可根据机床实际加工情况，在维修时进行修改)、加减速时间常数 (加减速时间常数不当，会影响伺服系统的过渡特性。当更换伺服系统或电动机时，应检查过渡特性，若无其他方法使过渡特性最佳，可试将该参数进行稍许调整，调整时要注意，该值应在机床机件允许的加速度范围内，如果太大，会使机件损坏)。

（3）与外设有关的参数

主要参数为波特率，根据不同的串行通信方式，外设有不同的波特率，外设与数控装置连接时，应根据外设的波特率设定数控装置的此参数，使两者的信息传递速率一致。

（4）PLC 参数

设置 PLC 中容许用户修改的定时、计时、计数、刀具号及开通 PLC 的一些控制功能的参数。

（5）其他参数

例如栅格移动量、进给指令限定值等与机床用户有关的参数，这些参数是在设计阶段已经确定的参数。

用户参数在调机或使用、维修时是可以更改的，这些参数修改好后，应将参数锁定。

 **操作技能**

数控系统参数设置

在数控机床的使用过程中，有时要利用机床的某些参数调整机床，有些参数要根据机床的运行状态进行必要的修正，由于参数不合理而引起故障也很常见，所以维修人员必须了解和掌握常用参数，并将整机参数的初始设定记录在案，妥善保存，以便维修时参考。

参数的显示：先按 MDI 面板的"SYSTEM"键，再按软键"参数"选择参数界面定位期望参数的方法，按翻页键直至期望的参数号。使用键盘输入期望的参数号，再按"NO 检索"按钮。

参数的输入：在 MDI 方式或急停状态下，首先修改参数写保护设定。按

"OFFSET SETTING"键，再按"SETTING"软键，修改写保护参数 PARAMETER WRITE =1。再进入参数显示界面，找到希望修改的参数，用键盘输入数据，按"INPUT"键。

参数的存储：存储方法包括人工抄录参数清单、使用存储卡、利用串行通信，将参数传入计算机。

案例1：回零操作参数设置

某型号加工中心采用 FANUC 0M 系统，故障现象是机床通电后进行 X 轴回零操作时，机床向正方向移动很短一段距离就产生正向超程报警，按复位按钮不能消除，断电后再开机，机床准备正常，进行回零操作时还是报警。从故障现象来看，是数控机床处在机床零点的位置，故向正方向移动就产生软件超程保护，所以只能向负方向运动，经检查没有发现其他故障，因此，怀疑是数控机床的参数故障。此故障的排除方法：机床通电后首先修改其参数，将参数 LT1X1（即 143 号参数）的设置量改为 +99 999 999，然后进行回零操作，回零操作正常，然后再将上述参数改回原来的值。

案例2：数控机床参数的恢复

当数控机床参数改变或由于参数原因引起机床异常时，首先要进行的工作就是数控机床参数的检查和恢复，由于数控机床所配用的数控系统种类不同，参数重装的步骤也不尽相同，就是同一厂家的产品，也因系列不同而有所差别。下面以 FANUC 0i 系统为例，说明数控系统参数的恢复方法。

当数控机床出现参数丢失或异常后，首先应将 CRT 上显示的报警号记录下来，确认是参数的问题后，按关机顺序将机床总电源关闭。利用数控机床的 DNC 功能将数控系统的参数进行恢复。

由于数控系统的参数经常需要恢复，所以事先就应该将数控系统的参数以文件形式保存在计算机中。当数控机床出现参数故障关机后，将串行通信电缆分别连接到计算机和数控机床的 RS232 串行通信接口上。操作计算机进入 DNC 传输软件的主菜单，选择输出菜单，并选择要输出的备份参数文件，按回车键后，等待机床侧数据输入操作。机床侧数据输入操作如下：

(1) 打开机床总电源开关。

(2) 将方式按钮置于 EDIT 状态。

(3) 按功能键"DG - NOS/PARAM"，出现参数设定界面，将 PWE 设定为 1。

(4) 按软键"OPRT"。

(5) 继续按翻页键。

（6）按软键"READ"。

（7）继续按软键"EXEC"。

参数开始输入，在屏幕上出现闪烁的 INPUT 提示。约 1 min 后，一台数控机床的参数就全面恢复了。

第二节　数控铣床故障诊断和排除

> 通过本节的学习，使培训对象能够分析数控铣床机械、液压、气压和冷却系统故障产生的原因并提出改进措施、减少故障率。

> 通过本节的学习，使培训对象能够根据机床电路图或可编程控制器（PLC）梯形图检查出故障发生点，并提出机床维修方案。

一、液压系统防漏与治漏的主要方法

（1）尽量减少油路管接头及法兰的数量，在设计中广泛选用叠加阀、插装阀、板式阀，采用集成块组合的形式，减少管路泄漏点，是防漏的有效措施之一。

（2）将液压系统中的液压阀台安装在离执行元件较近的地方，可以大大缩短液压管路的总长度，从而减少管接头的数量。

（3）液压冲击和机械振动直接或间接地影响系统，造成管路接头松动，产生泄漏。液压冲击往往是由于快速换向所造成的，因此在工况允许的情况下，尽量延长换向时间，即阀芯上设有缓冲槽、缓冲锥体结构或在阀内装有延长换向时间的控制阀。液压系统应远离外界振源，管路应合理设置管夹，泵源可采用减振器、高压胶管、补偿接管或装上脉动吸收器来消除压力脉动，减少振动。

（4）定期检查、定期维护、及时处理是防止泄漏、减少故障的基本保障。

二、气动系统故障诊断方法

1. 经验法

主要依靠实际经验，借助简单的仪表，诊断故障发生的部位，找出故障产生原因的方法，称为经验法。

（1）眼看

看执行元件运动速度有无异常变化；各压力表的显示是否符合要求，有无大的波动；润滑油的黏度是否符合要求；冷凝水能否正常排出；换向阀排气口排出空气是否干净；电磁阀的指示灯显示是否正常；管接头、紧固螺钉有无松动；管道有无扭曲和压扁；有无明显振动现象等。

（2）手摸

摸相对运动件外部的温度、电磁线圈处的温升等，若感到烫手，应查明原因；摸气缸、管道等处有无振动，活塞杆有无爬行感，各接头及元件处有无漏气等。

（3）耳听

听气缸、换向阀换向时有无异常声音，气液压系统停止工作但尚未泄压时各处有无漏气声音等。

（4）鼻闻

闻电磁线圈和密封圈有无过热发出的特殊气味等。

（5）查阅

查阅气动系统的技术档案，了解系统的工作程序、动作要求，查阅产品样本，了解各元件的作用、结构、性能；查阅日常维护记录；访问现场操作人员，了解故障发生前和发生时的状况，了解曾出现过的故障及排除方法。

经验法简单易行，但因每个人的实际经验、感觉、判断能力的差别，诊断故障会产生一定的局限性。

2. 推理分析法

推理分析法是指利用逻辑推理，一步步地查找出故障的真实原因的方法。推理的原理是由易到难、由表及里地逐一分析，排除不可能的和次要的故障原因，优先查故障概率高的常见原因，故障发生前曾调整或更换过的元件也应先查，包括：

（1）仪表分析法

仪表分析法就是使用监测仪器仪表，如压力表、差压计、电压表、温度计、电秒表及其他电子仪器等，检查系统中元件的参数是否符合要求。

（2）试探反证法

试探反证法就是试探性地改变气动系统中的部分工作条件，观察对故障的影响。如阀控气缸不动作时，除去气缸的外负载，查看气缸能否动作，便可反证出是否由于负载过大造成气缸不动作。

（3）部分停止法

部分停止法就是暂时停止气动系统某部分的工作，观察对故障的影响。

（4）比较法

比较法就是用标准的或合格的元件代替系统中相同的元件，通过对比，判断被更换的元件是否失效。

三、可编程控制器（PLC）的使用方法

用于数控机床的 PLC 一般分为两类：一类是用于 CNC 系统的生产厂家，将 CNC 和 PLC 综合起来设计，PLC 是 CNC 的一部分，其中的 PLC 成为内置式 PLC（集成式 PLC）；另一类是以独立专业化的 PLC 生产厂家的产品来实现顺序控制的系统，这种类型的 PLC 成为外装型 PLC（独立型 PLC）。

内置式 PLC 与 CNC 之间的信息传送在 CNC 内部实现，PLC 与机床间的信息传送通过 CNC 的输入/输出接口电路来实现。一般这种类型的 PLC 不能独立工作，它只是 CNC 向 PLC 功能的扩展，两者是不能分离的。在硬件上，内置式 PLC 可以与 CNC 共用一个 CPU，也可以单独使用一个 CPU。由于 CNC 的功能和 PLC 的功能在设计时就一起考虑，因而这种类型的系统在硬件和软件的整体结构上合理、实用、性价比高。由于 PLC 和 CNC 间没有多余的连线，且 PLC 上的信息能通过 CNC 显示器显示，PLC 的编程更为方便，而且故障诊断功能和系统的可靠性也有提高。

独立型 PLC 可采用不同厂家的产品，所以允许用户自主选择自己熟悉的产品，而且功能易于扩展和变更。独立型 PLC 和 CNC 是通过输入/输出接口连接的。

PLC 的编程语言可以分为梯形图和语句表。用梯形图编程时应遵循下列原则：

（1）梯形图按自上而下、从左到右的顺序排列。

（2）继电器线圈在一个程序中只能引用一次，而它的常开、常闭触点可多次引用。

（3）输入/输出继电器和内部继电器的驱动方式不同。

（4）计数器使用前要赋值。

（5）力求编程简单，结构简化。

（6）不存在几条并列支路同时运行的情况。

操作技能

一、数控铣床机械与电气故障综合维修案例——XK5040-1型数控铣床的主轴无法变速

故障现象：新机因电气故障无法使用，而放置了一段时间，电气故障排除后，输入主轴变速指令，主轴的变速盘不转，主轴也无"缓动"，不能正常工作。

变速原理：变速时先使主轴"缓动"（2 r/min），以便变速齿轮易于啮合。如图9—1所示，齿轮泵5供油，经顺序阀7而至单向液动机10，使液动机10旋转。接通二位四通电磁阀8的PB，通过油缸9使主轴传动箱上面的限位开关断开，并使主轴传动箱内的齿轮与液动机10接通而实现主轴缓动。主轴变速，接通三位四通电磁阀11的PA，打开双向阀2后，接通二位三通阀12使主轴变速分配阀卸压，另一部分压力油接通主轴变速分配阀轴上的楔牙离合器及打开星形轮定位销油缸3。与此同时，压力油推动双向液动机13带动主轴变速分配阀旋转。当变速盘转到所要求的速度时，断开电磁阀11的AP而接通BO，液动机13停动，楔牙离合器断开，星形轮定位销复位再接通主轴变速分配阀的压力油，推动齿轮拨叉油缸。同时，电气延时继电器控制电磁阀8断开，使液动机10与主传动箱脱开，主传动箱上面的限位开关复位，主轴缓动停止，变速过程结束，主轴可以启动。

故障原因分析与排除：

（1）齿轮泵5的压力不足或毫无压力，输出油量不够或不上油。顺序阀7卡死，压力油无法通过。液动机10没有动作，液压油不清洁造成泵阀的毁坏。检查电动机，分解齿轮泵检查，清洗过滤网、液压箱，更换液压油。清洗顺序阀7（检查顺序阀泄油口，泄漏不得太大），并将系统压力从0.6 MPa调至1~1.2 MPa（注意此调整不可在变速过程中或慢转中进行，以免引起变速动作失常），但故障没能排除。

（2）溢流阀1卡死在开口处，压力油从此泄回油箱，主轴缓动液动机10无法动作，从而使主轴无法变速。清洗调试溢流阀后，故障仍然存在。

（3）二位四通电磁阀8、三位四通电磁阀11没有激磁或阀芯卡死。二位四通阀8不换向将使油缸9不动作，无法将液动机10和主轴传动箱连接，主轴不能缓动。三位四通电磁阀11的损坏使主轴变速盘无法转动，自然也就无法变速。检查电磁阀8和11激磁正常，手捅阀芯也能换向，检查阀的出油路，油量正常。检查主传动箱上油缸9的伸出顶杆，能正常伸缩。调整其上的限位开关使其能正常发讯息，主轴开始"缓动"，但变速转盘仍然不转，主轴无法变速，这时就可判断为主传动箱体内的故障。

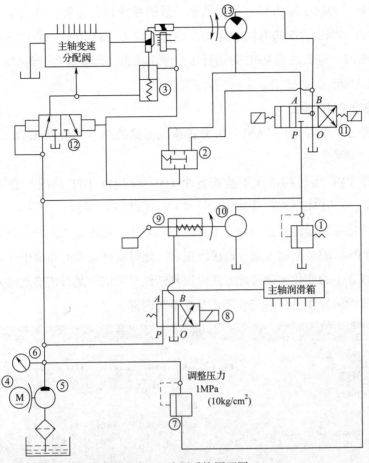

图 9—1 液压系统原理图

（4）双向液动机 13 烧死。离合器没有动力。星形轮定位销油缸 3 卡死，离合器别死。二位三通阀 12 无法换向，使主轴变速分配阀无法卸压，或变速分配阀卡死，无法动作。拆下主传动箱盖后，用 0.5～0.6 MPa 高压空气接通主油路试验，液动机 13 转动正常，定位销能够打开，二位三通阀 12 换向正常，但主轴变速分配阀始终没有转动。将其拆下检查，发现严重锈蚀，分析为机床装配润滑防锈不好，导致停用一段时间后锈蚀卡死。将分配阀在车床上抛光后装好，用高压空气测试旋转正常。清洗、润滑所有零件后装上试车，主轴变速正常。

应注意的是主传动箱盖拆下后，要着重检查液压油缸和拨叉，后来发现有因拨叉磨损而使齿轮啮合不到位的故障。

二、FANUC－0i 系统 PMC 诊断法维修数控机床的 I/O 故障

PMC（Programmable Machine Control）诊断法是指利用数控系统所提供的各种

PMC 状态显示画面了解内部存储器状态、数控系统执行过程，从而定位 I/O 故障的一种方法。PMC 诊断法有四种途径：静态、动态、FORCE、OVERRIDE PMC 诊断。在诊断时一定要注意 PMC 为运行还是停止状态，即屏幕右上角显示 PMC RUN 还是 PMC STOP。

1. 静态 PMC 诊断

静态诊断法就是利用 FANUC 0i 数控系统提供的画面查看 PMC 输入/输出状态从而定位故障的方法。

在系统 PMC 运行的情况下检查各个 I/O 点的 ON/OFF 状况是否正常，调阅［SYSTEM］→［PMC］→［PMCDGN］→［STATUS］界面，如图 9—2 所示，在这个界面中能够清楚地观察到每个 I/O 点的 ON/OFF 状况是否正常，例如可以手动开启/关闭 PMC 的某个输入点，若接线正常，此时就可以在此界面中观察到对应的输入点出现 0/1 的变化，通过此方法可以判断该开关信号是否正确地输入到系统内部，定位故障的发生点在系统外部还是在系统内部。

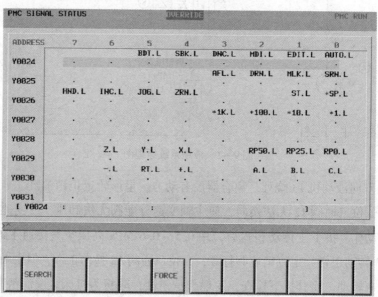

图 9—2　PMC I/O 点实时状态显示界面

2. 动态 PMC 诊断法

静态 PMC 诊断时的各 I/O 点实时状态较为直观，但各 I/O 点 ON/OFF 状况的因果关系却无从知晓，这就需要借助梯形图。通过梯形图进行直接诊断，查看相关点的接通/关断（ON/OFF）状态。如图 9—3 所示，图中高亮显示的为开关或线圈的逻辑闭合状态。通过直接观察梯形图，查找与故障源相关联的点，来查出 PMC 不输出的原因。

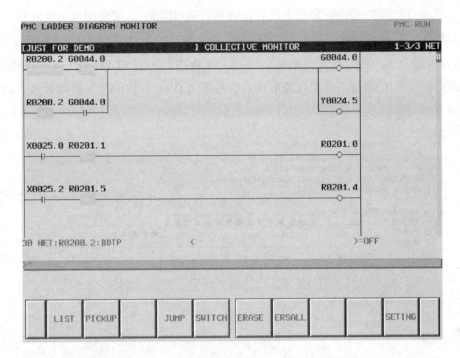

图9—3　PMC梯形图

通过集中监控界面（Collective Monitor）集中观察相关点的变化情况。机床PMC梯形图程序一般较长，在屏幕上分成多页显示，如果所需观察的I/O点位于不同的页码上，就造成观察的不便，此时可以借助集中监控界面辅助诊断。集中监控功能是把相关的PMC的I/O点集中放在一个界面中进行诊断，方便而简洁，而不用通篇查看梯形图。

利用［PMC］→［PMCDGN］→［TRACE］进行I/O点的状态跟踪。在PMC出现误动作时，由于梯形图内部处理的时间很短，某个I/O点的状态可能瞬间发生变化，在梯形图中直接用肉眼查看故障点的变化情况是不可能的，但可通过系统提供的［TRACE］功能，把相关点的状态采集到一个界面中进行诊断，查看各个相关点的变化情况是否正常。在［TRACE］的参数设置界面，设置需要跟踪的位地址，信号的采样周期最短可以设定到8 ms，按下［START］便开始采样，信号的变化规律便一目了然，如图9—4所示。通过这个方法对信号的变化可有更清楚的了解。

3. FORCE PMC诊断

使用系统PMC提供的FORCE功能，在硬件I/O点没有连接、模块没有分配的情况下对X/Y轴信号进行强制，也可以对没有处理过的G、R、D、K信号进行强制（"没有处理"是指梯形图中没有该信号的输出线圈）。要使用该功能先将"编程器允许"打开，［PMC］→［PMCPRM］→［SETING］中的 PROGRAMMER EN-ABLE 设置为 1，然后打开［PMC］→［PMCDGN］→［STATUS］→［FORCE］界面，利用 MDI 键盘定位相应的 I/O 点，按下［ON］/［OFF］，即可对该点进行强制。

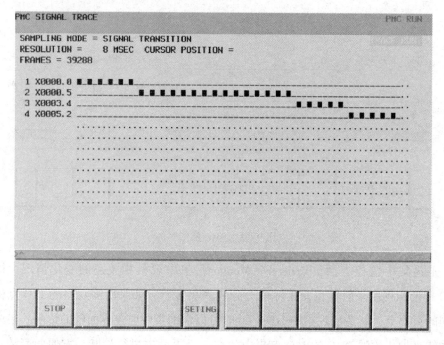

图 9—4　PMC TRACE 的参数设置界面

4. OVERRIDE PMC 诊断

使用系统 PMC 提供的 OVERRIDE 功能，在硬件 I/O 点连接、模块分配的情况下对 X/Y 轴信号进行强制。要使用该功能先将编程器允许打开，［PMC］→［PMCPRM］→［SETING］中的 PROGRAMMER EN - ABLE 设置为 1，然后按下［NEXT］，设置 OVER - RIDE ENABLE 为 1，此时系统断电再上电，［PMC］→［PMCDGN］→［STATUS］→［FORCE］界面就有了［OVRSET］软键，按下此软键，然后按下［ON］/［OFF］，强制该点的 0、1 状态，"＞"左侧为该点的实际状态，右侧为 OVERRIDE 后的状态。

注意：在使用 OVERRIDE 功能进行强制时，该功能使用结束，无须强制时，应将该点状态还原。按下［OVRRST］或者［INIT］即可，否则之前强制的点始终保持强制的状态，PMC 将运行不正常。

第三节　数控铣床精度检验

**学习目标**

➤通过本节的学习，能够使培训对象了解激光干涉仪的使用方法。
➤通过本节的学习，能够使培训对象了解机床误差的补偿方法。

相关知识

一、激光干涉仪的原理和检验方法

目前普遍使用双频激光干涉仪检验数控机床的定位和运动精度。双频激光干涉仪是现代机床标准中规定使用的数控机床精度检测验收的测量设备，如图9—5所示是用双频激光干涉仪测量机床定位精度。

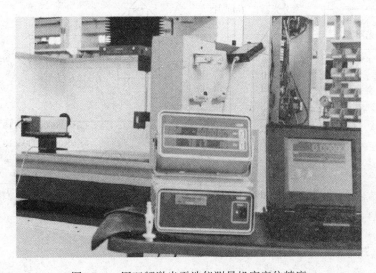

图9—5　用双频激光干涉仪测量机床定位精度

测量原理：如图9—6所示，由激光头激光谐振腔发出的 He－Ne 激光束，经激光偏转控制系统分裂为频率分别为 f_1 和 f_2 的线偏振光束，经取样系统分离出一小部分光束被光电检测器接收作为参考信号，其余光束经回转光学系统放大和准直，被干涉镜接收反射到光电检测器上。机床运动使干涉镜和反射镜之间发生相对位移，两束光发生多普勒效应，产生多普勒频移 $\pm \triangle f$。光电检测器接收到的频率信号 $(f_1 - f_2 \pm \triangle f)$ 和参考信号 $(f_1 - f_2)$ 被送到测量显示器，经频率放大、脉冲计数，送入数字总线，最后经数据处理系统进行处理，得到所测量的位移量，即可评定数控机床的定位精度。

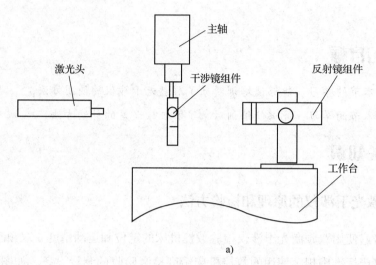

a)

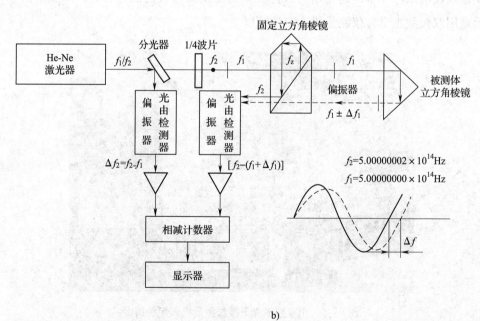

b)

图9—6　双频激光干涉仪的组成与原理

二、误差分析和计算的方法

用双频激光干涉仪检验数控机床定位精度的测量误差主要来源有双频激光干涉

仪的极限误差、安装误差和温度误差。

双频激光干涉仪的极限误差为

$$\Delta_1 = \pm 10^{-7}L$$

式中　L——测量的长度，m。

安装误差是主要由测量轴线与机床移动的轴线不平行而引起的误差，为

$$\Delta_2 = \pm 10L(1 - \cos\theta)$$

式中　L——测量的长度，m；

θ——测量轴线与机床移动的轴线之间的夹角，由于光路准直，$\Delta\theta$ 值趋于

0，此项误差可忽略不计。

温度误差是主要由机床温度变化和线膨胀而造成的误差，为

$$\Delta_3 = \pm L \sqrt{(\delta_t a)^2 + (\delta_t \delta_a)^2}$$

式中　L——测量的长度，m；

δ_t——机床温度测量误差，℃；

a——机床材料线膨胀系数，1/℃；

δ_a——线膨胀系数测量误差，1/℃。

在各项测量误差中，温度误差对测量结果的准确性影响最大，为了保证测量结果的准确性，测量环境温度应满足（20±5）℃，且温度变化应小于0.2℃/h，测量前应使机床等温12 h以上，同时要尽量提高温度测量的准确性。另外，如果测量时安装不得当，由安装所造成的误差也是不可忽略的。

为了反映出多次定位中的全部误差，ISO标准规定每个定位点取五次测量数据算出平均值和散差±3σ。所以这时的定位精度曲线已不是一条曲线，而是一个由各定位点平均值连贯起来的曲线浮动±3σ，如图9—7所示。

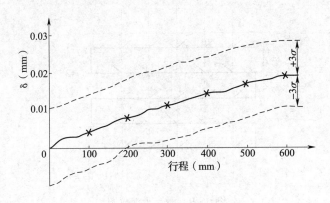

图9—7　定位精度曲线

操作技能

一、用激光干涉仪检验机床的定位精度和重复定位精度

1. 操作方法

以 RenisawML10 激光干涉仪为例，其具体测量过程如下：

（1）安装激光干涉仪测量系统各组件，如图9—8所示。

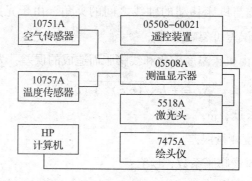

图9—8　激光干涉仪测量系统组成框图

（2）在需测量的机床坐标轴线方向安装光学测量装置。

（3）调整激光头，使测量轴线与机床位移轴线重合或平行，即将光路预调准直。

（4）待激光预热后输入测量参数。

（5）进行测量，计算机系统将自动进行数据处理及输出结果。

2. 测量方法

检验工具：激光干涉仪或步距规，如图9—9所示。

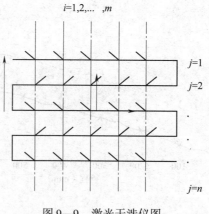

图9—9　激光干涉仪图

检验方法：因为用步距规测量定位精度时操作简单，因而在批量生产中被广泛采用。

无论采用哪种测量仪器，在全程上的测量点数应不少于 5 点，测量间距按下式确定：$P_i = iP + k$（P 为测量间距；i 为测量点数；k 为附加值），目的是获得全测量行程上各目标位置的不均匀间隔，从而保证周期误差被充分采样。

二、用激光干涉仪检验单轴精度及螺距补偿的实现

数控机床的定位精度通常指各数控轴的线性定位精度和反向偏差，定位误差是影响数控机床加工精度、产生加工误差的主要因素。因此利用激光干涉仪来提高或恢复机床加工精度是最便捷、最经济的途径。调整螺距的误差是实现数控机床应用的关键之一。下面利用激光干涉仪对数控机床进行螺距误差的测量和单轴精度补偿，可以使机床的定位精度得到显著提高。

1．测量步骤

（1）连接激光干涉仪测量系统，如图 9—10 所示。

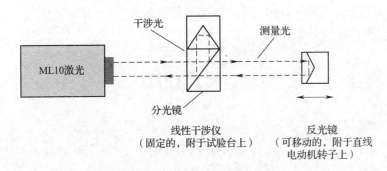

图 9 – 10　激光干涉仪测量系统

（2）在数控机床所需要测量坐标运动轴线方向安装光学测量装置。

（3）调整激光头，使测量轴线与运动轴线在一条直线上（或平行），即将光路调准直。

（4）待激光预热后输入规定的测量参数。

（5）按规定的测量程序启动直线电动机进行测量。

（6）数据处理及结果输出。

2．误差补偿方法

误差补偿方法是以误差合成公式为理论依据，首先通过直接测量法测得机床的各项原始误差数据值，由误差合成公式计算补偿点的误差分量，从而实现对机床的误差补偿。实施误差补偿可分为两大类（随机误差补偿、系统误差补偿）。随机误

差补偿要求在线测量，把误差检测装置直接安装在机床上，或者直接测量出零件相应的误差值，用此误差值实时地对加工指令进行修正。随机误差补偿的成本太高，而且由于加工时不同的零件其修正的参数也不同，因此经济效益不好。系统误差补偿是用相应的仪器预先对机床进行检测，即通过离线测量得到机床工作空间指令位置的误差值，把它们作为机床坐标的函数。机床工作时，根据加工点的坐标调出相应的误差值以进行修正。数控机床在正常情况下，重复精度远高于其空间综合误差，故系统误差的补偿可有效地提高机床的精度，甚至可以提高机床的精度等级。

机床坐标系中，在直线轴运动行程内将测量行程等分为若干段（在本文中每100 mm为一个测量步距；也可根据机床实际工作情况，在常用位置段减小步距，适当增加检测点；为进行双向螺距误差补偿，需多次从正反两个方向趋近目标位置，一般至少进行3次），测量出各目标位置 P_i 的平均位置偏差 $\overline{x}_i\downarrow$ 和 $\overline{x}_i\uparrow$，把平均位置偏差反向叠加到数控系统的插补指令上，如图9—11所示。指令要求该坐标轴运动到目标位置 P_i，目标实际的运动位置是 P_{ij}，由于该点的实际平均位置偏差为 $\overline{x}_i\downarrow$ 和 $\overline{x}_i\uparrow$，将该值填入数控系统的螺距误差补偿表中，则数控系统在计算时会自动将目标位置的平均位置偏差叠加到插补指令上，实际的位置为

$$P_{ij}\downarrow = P_i + \overline{x}_i\downarrow$$
$$P_{ij}\uparrow = P_i + \overline{x}_j\uparrow$$

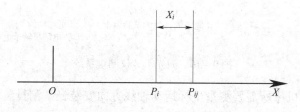

图9—11 偏差计算图

使误差部分抵消，实现螺距误差的补偿。

某数控铣床 X 轴（行程为700 mm）的螺距误差检测及补偿过程如下：

（1）进行补偿前，必须先将数控系统中被补偿轴的反向间隙和螺距误差补偿参数单元清零，避免在测量各目标点位置误差值时，原补偿值仍起作用。

（2）然后启动直线坐标轴自动回机械原点程序，使直线坐标轴回机械原点。

（3）选取检测点的步距100 mm以及暂停周期（一般≥2 s），根据检测点的行程自动生成程序，通过RS232端口传输给数控机床，完成测量，同时对所测得的

数据按照机床不同的操作系统进行补偿，如果一次未达到公差要求或需要达到更高精度，可以增加目标点数量和重复位置误差补偿过程以达到最满意精度的补偿结果。补偿前后螺距误差数据比较见表9—1。

表9—1　　　　　　　　　　　补偿前后螺距误差数据比较

目标位置（mm）	−500		−400		−300		−200		−100		0		+100		+200	
趋近方向	↑	↓	↑	↓	↑	↓	↑	↓	↑	↓	↑	↓	↑	↓	↑	↓
补偿前平均误差（μm）	9.5	0.1	12.5	−2.5	17.2	−6.3	23.2	0.1	29.4	7.6	38.5	17.9	47.7	27.0	50.2	28.6
补偿后平均误差（μm）	−4.4	0.0	−2.3	−1.5	2.0	−4.3	1.0	−3.6	0.1	−1.7	0.8	−0.3	1.2	0.2	2.4	0.7

数控系统分为开环控制系统、闭环控制系统和半闭环控制系统，螺距误差补偿对开环控制系统和半闭环控制系统具有显著的效果，可明显提高系统的定位精度和重复定位精度；对于全闭环控制系统，由于其控制精度较高，进行螺距误差补偿的效果不如开环控制系统明显。

三、注意事项

（1）考虑到环境补偿系统的要求，要将气压温度传感器靠近测量光束，通常放置在机床立柱的上端。材料温度传感器应放在能代表机床光栅尺或滚珠丝杠平均温度的安全位置，要避免受局部热源的影响。

（2）测量前不但要准确测量被测件温度，而且被测件要在恒温条件下长时间等温，以保证被测件各部位温度的一致性。

第四节　数控设备网络控制

学习目标

➤通过本节的学习，能够使培训对象了解网络与接口技术。

➤通过本节的学习，能够使培训对象了解数控设备网络控制技术。

 **相关知识**

一、数控机床的网络通信技术简介

数控机床不仅由于加工精度高，更由于它使用柔性的零件程序代替了普通机床中大量使用的凸轮、挡块、限位开关等硬件，因此它可加工普通机床无法加工的复杂零件，从而具有降低成本、提高生产效率、减轻工作强度、改善环境、易于管理等大量优点。因此，数控机床将逐步取代普通机床正逐渐成为必然。

目前大部分数控机床使用的加工程序，其编制一般在计算机上进行，即用CAM软件来完成。当CAM软件生成了数控机床使用的代码后，还需要将这些代码传送到数控机床上才能进行加工，这个传输过程就是数控机床的通信过程。

早期的数控机床通信是使用穿孔纸带来实现的，计算机编制程序后将数字信号直接发送给纸带穿孔机，由纸带穿孔机在纸带上打孔，由机床通过纸带读入机（纸带机）将纸带孔的变化转换为电信号，再进行加工。这种传送方式由于使用了机械的继电器吸合运动机构，其传送速度很慢，加上穿孔时受纸带打孔机刀口的影响，很容易发生穿孔不彻底，而造成出错率高的问题（这是纸带穿孔易出的故障）。

串行通信是直接使用电信号通信的方式，比纸带通信速度快且可靠。它的发送方和接收方之间数据信息的传输是在单根数据线上，以每次一个二进制的01为最小单位进行传输。串行通信可显著降低通信线路的价格和简化设备。

RS232C接口是数据终端设备与数据通信设备之间串行二进制数据交换的接口。数控机床的通信多数是利用RS232串口模式进行。

目前有很多数控系统可一边接收程序一边进行加工，这就是所谓的DNC（Direct Numerical Control）技术，但不是所有的数控系统都支持这一功能，有一些数控系统只是先将接收的加工程序存储在系统内存里，而不能做到接收数据的同时进行切削加工，这种传输形式一般叫块（Block）传输。

二、数控设备网络连接

1. 采用RS232传统通信方式的弱点

虽然RS232通信方式能够满足大多数数控加工场合的需求，但是它仍然具有一定的局限性。

（1）通信距离受到限制（一般不外接附加设备的情况下通信距离为30 m）。

（2）由一台计算机控制多台数控设备时，其所能控制的数控设备数量有限

（一般不超过 64 台）。

（3）通信线路的抗干扰性能差（可靠性不如以太网的超五类双绞线）。

（4）可扩展性差（服务器不能任意变更，线路更改成本高）。

2. 机床网络化管理系统的提出

由于以太网络比 RS232 线路的稳定性和可扩展性好，如果每台数控机床前放置一台计算机，这台计算机为微缩型，它具有独立的 IP 地址，并具有 RS232 功能，能够按照一定的传输协议与网络上的服务器进行数据交换，这样可以将 RS232 线路缩短到最短。另外，由于服务器不直接和数控机床的 RS232 接口通信，而是以 10/100 M 的网络带宽与各终端微型计算机进行网络通信，因此单台服务器可控制的机床数量将比单纯的多串口通信大得多。这个微型计算机称为微型智能终端，它的内部具有独立的 CPU 和内存，外部具有两个接口：以太网络的 RJ45 接口和 RS232 接口。

在企业中作为一个管理系统，不仅要能够管理机床、与机床通信，还要能够承上启下，因此将 CAXA 机床网络管理系统做成一个平台软件很有必要。它本身应具有非常强大的用户管理、安全管理、目录及产品管理、各类文档管理（包含代码文档）、文档流程管理、机床通信管理等能力，在企业的车间生产管理中起到一个底层管理平台的作用。

通信类型可以分为：

单机通信——单台 PC 与单台数控设备通信。

多路 DNC——单台 PC 与多台数控设备通信。

网络 DNC——多台 PC 与多台数控设备通信。

连接方式可以分为：

标准 PC 串口连接——单路 RS232 线路连接。

多串口卡——多路 RS232 线路连接。

串口服务器——以太网/RS232 连接。

以太网连接——机床直接以以太网络连接。

混合连接——多串口卡/串口服务器/以太网络。

提供管理文件名与机床文件名映射功能，可以按操作者的需要进行程序名同文件名的自动转换，自动监测机床是否开启，如果设备关机，在机床开机后软件可以自动开启远程服务功能。

如图 9—12 所示为数控机床的联网图。

通信模块所支持的功能：机床端请求服务器发送代码文件；机床端请求服务器发送列表文件；机床端请求服务器接收机床发送的文件；选择自动传输；无握手方

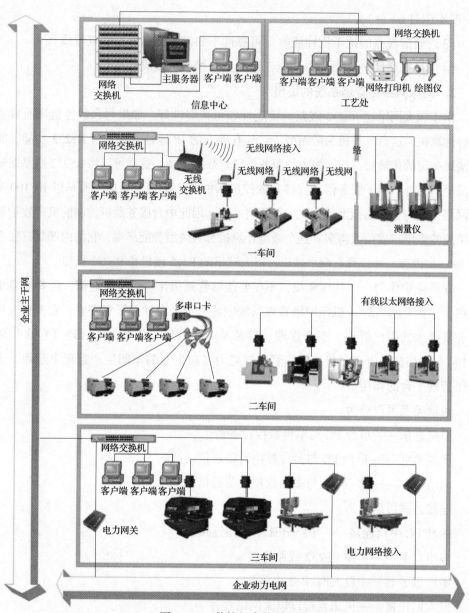

图 9—12　数控机床的联网图

式系统的自动传输（自动应答收发间隔）；机床加工记录的信息采集；接收前发送字符串；发送前发送字符串；发送尾发送字符串；高级参数；发送函数的设置；用户自定义函数；系统内部函数；发送命令序列的设置。通信模块还具有强大的日志管理功能，可以记录整个系统的所有事件，提供复合查询检索。借助软件的传输日志功能可查看数据传输的日期、时间、文件名以及上传/下载等内容，用以记录操作者的操作过程及出错信息。

第十章

培训与管理

第一节 操 作 指 导

 学习目标

➢能够在车间现场指导中级工、高级工和技师提高机床操作技能水平。

 相关知识

一、高效的技能操作培训——OJT 培训技术

加工制造企业为了降低培训成本、最大限度减少机床非生产性占用时间，针对新设备、新技术培训，常常选择车间现场的在岗培训，简称 OJT（On－the－Job Training）方式。随着知识工程和信息技术发展，车间现场的传统师徒式 OJT 培训已不适应数字化制造要求，先进的 OJT 培训不同于常规的课堂培训和一般意义上的职业培训，它是一种事前经过策划的标准化的岗位技能培训，这是开展高效的技能操作培训的关键。

OJT 培训计划的实施主要体现在四方面：

（1）OJT 的培训需求是通过师徒差距分析的方式取得的。

（2）OJT 培训指导老师须经过选拔和专门培训取得资格后方能实施培训。

（3）所有的 OJT 培训使用标准化的针对具体岗位或某型设备操作的培训课件。

（4）OJT 的培训效果，即受训人的技能掌握情况由随后的加工文档记录进行跟踪验证。

企业 OJT 在设计上遵循这样一种考虑：没有人比在岗位上实际操作的专家更熟悉本岗位的操作技巧，所以就由他们来编写并教授本岗位的培训课程。美国俄亥俄州立大学的罗纳德·L·杰克斯（Ronald. L. Jacobs）和琼斯（Jones）教授把 OJT 定义为"有经验的员工在工作场所或与工作场所近似的地点培训新员工，有计划地开发新员工的任务级专业技能的过程。"

二、OJT 培训教材的开发

源于日本汽车企业的这种 OJT 培训组织方式目前在许多我国国有企业内部较难开展，一是由于我国国企内部高级技师/技师只占一线员工的 15%～20%，而德国、日本的比例为 35%～40%，导致目前高级技师成为稀缺资源，具备 OJT 培训资格的高级技师很难找到；二是许多高级技师虽然经验丰富，但平时忙于车间现场具体事务，没有足够的时间把个人的操作经验梳理、归纳总结，以形成教材或讲义，把企业的技术诀窍和经验传承下去。所以 OJT 培训教材的开发变得尤为重要，但 OJT 培训教材开发难度较大，需要解决好下列问题：

1. OJT 培训效果难以预测

企业指定的培训教师往往是操作或工艺方面的能手，但在传授知识的技巧和方法上并不一定合格，加工知识的不确定和模糊性特点导致知识分类和表示特别困难，教师讲解内容缺乏结构化条理而导致知识逻辑不一致，学习效果差异性较大，培训质量和时间很难控制。

2. 设备操作培训和生产作业计划矛盾

提高数控机床的切削加工时间占零件加工时间的比例是提高机床工时定额的有效手段，可以提高生产效率，但设备操作培训显然要占用切削加工时间，所以形成了一个设备操作培训和生产作业计划的矛盾，解决这一办法需要建立针对具体产品的虚拟制造资源仿真环境，学员在此虚拟环境中可以实现机床 CNC 面板、电器按钮、程序验证或优化的操作过程，所以还需要能够开发具备虚拟仿真功能的 OJT 电子教材。

第二节　理论培训

学习目标

➤能够对中级工、高级工和技师进行理论培训，并能够系统讲授切削刀具的理论和应用。

相关知识

一、理论培训的规范化和标准化

数控加工属于高级技能工种，其理论知识体系很庞大，技术更新很快，所以在进行理论培训时要做到规范化和标准化，其内容有：

1．加工知识的分类和表示

将多个零散的非结构化的知识点集合在一起，找到它们之间的联系和区别，形成层次结构清晰的加工知识目录，帮助员工形成完整的知识架构。

2．加工知识的交流和共享

在教学过程中，培训师可以和计算机多媒体制作人员合作，一起制作可共享及重用的多媒体课件，利用它来演示、分析复杂难懂的数控理论和计算方法。制作多媒体课件还有利于培训师与学员之间、学员与学员之间使用互联网络进行知识的交流和共享，使学员培训不再受时间和地理条件限制。

3．协作式的学习

可以把解决工艺问题的过程用基于规则或基于案例的方法表示出来，形成专家系统，形成集体智慧，通过互联网让大家共享，在协作中学习加工理论。

4．知识可视化与人机交互式学习

图像和联想是大脑高级功能语言，图像可以把隐性知识显性化，数控加工向着多轴、高速、复合的技术方向发展，其编程需要用到复杂的空间微分几何理论，普通操作人员很难完全理解，为此需要开发或应用虚拟加工仿真技术，它可以有效地帮助解决复杂和高成本设备的编程操作问题。

二、标准化培训实例——刀具系统应用培训

数控刀具的技术更新很快，从数控加工技术发展趋势看，数控刀具在提高加工效率方面起到越来越重要的作用，所以，目前许多加工技术领先的企业对新型数控刀具的应用和推广非常重视。但刀具系统培训涉及的知识面较广，包括材料微观结构和组织性能、机床性能、刀具结构分析、刀具切削性能、CAD／CAM 应用、产品特征对刀具选择要求、刀具寿命管理理论等，刀具培训师要求是具有复合型知识的有加工经验的高技能人才。

全球著名的先进数控刀具提供商 Sandvik 公司的高级技师在企业内部举办先进数控刀具的系统化培训，有着丰富的培训经验，图 10—1 是一个刀具厂商的高级技师培训课件样例，从其画面及内容安排上可以可以看出此培训教案既具有严谨的切削参数推荐和计算，同时又有丰富的应用实例（图片＋操作动画），并可对不正确的安装提出警告，清晰地阐明了此刀具高效和低成本的特点，所以这是一份具有示范意义的培训教案。

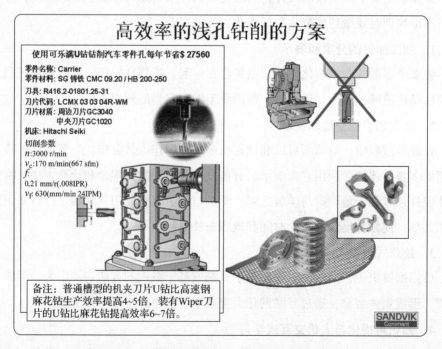

图 10—1　刀具厂商的高级技师培训课件样例

刀具系统的培训既要有切削参数推荐，又要介绍刀具的结构和安装技巧，并且要能够为培训对象介绍分析不同工况条件下刀具的寿命，所以刀具培训对高级技师有全面的素质要求。

第三节　质量管理

学习目标

➤能够应用全面质量管理知识，对加工质量进行分析与控制。

相关知识

一、质量数据

质量管理以测量数据为依据。测量数据按其性质可分为两类：计量数据和计数数据。计量数据是一类可连续取值的数据，如长度、强度、硬度、成分含量等。计数数据是一类不能连续取值但可以一一计数的数据，如不合格品的件数、外包装的缺陷数等。计数数据之比也是计数数据，如不合格品率等。

获得数据的方法是从一批产品中抽取部分产品进行检验，根据检验结果来推断整批产品质量。

二、质量控制图及其在机加工工序质量方面的应用

1. 质量控制图简介

质量控制图又称质量管理图，是带有控制界限的、用来研究生产过程是否呈稳定状态的一种图表。它是基于概率论的一种质量管理方法，通过对生产过程数据的采集，判断产品质量是否处于设定受控状态。它用来区分产品质量波动究竟是由于偶然性因素引起还是由非偶然性因素引起的，从而判断生产是否处于控制状态，其主要作用是进行工序质量过程控制，即起到监控、报警和预防作用。

质量控制图的基本原理：每个零件的加工质量都存在变化，都受到时间和空间的影响，即使在理想的条件下获得的一组分析结果也会存在一定的随机误差。在生产过程中，只有偶然性因素在起作用或影响产品的加工质量，那么可以说生产过程处于"受控（正常）"状态，这时的产品质量应形成正态分布或二项分布、波松分布等。反之，若有非偶然性因素在起作用，那么可以说生产过程处于"失控（不正常）"状态。

2. 质量控制图选择原则

质量控制图的基本模式如图 10—2 所示。在控制图上有三条平行线，CL 线叫中心线，表示产品某项质量特征数的平均值，UCL 为控制上限，LCL 为控制下限。横坐标表示子组号，纵坐标代表产品质量的某项特征值，把采集到的质量数据用点画在图上，并把各个点连接起来。如果点全部落在上下控制线以内，并且排列正常，可判定生产过程处于受控状态，否则认为生产过程处于失控状态。

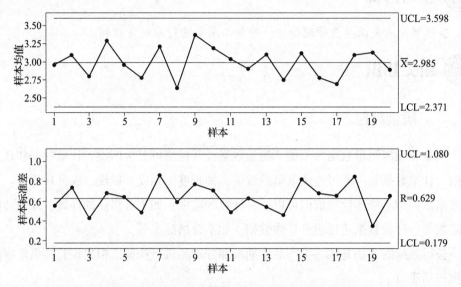

图 10—2　质量控制图的基本模式（均值—极差控制图）

质量控制图包括计量值控制图和计数值控制图。计量值控制图根据中心线、控制上限、控制下限的计算方法不同可分为 x 图（单值控制图）、$x-Rs$ 图（单值—移动极差控制图）、$\overline{X}-R$ 图（均值—极差控制图）、$\tilde{X}-R$ 图（中位数—极差控制图）、$X-Rs$ 图（单值—移动极差控制图）。计量值控制图所要控制的参数多是计量型的，且这些参数通常都服从正态分布。

典型的计量型参数如尺寸、公差、质量、压力、温度、湿度、密度、浓度等，是可以直接测量的产品性能参数。

计数值控制图根据适用控制参数对象不同，可分为 p 图（不合格品率控制图）、pn 图（不合格品数控制图）、u 图（单位缺陷数控制图）、c 图（缺陷数控制图）。

p 图及 pn 图是通过观察产品不合格情况变化来控制产品质量的，其子组特征服从二项分布，如工序尺寸合格率、装配合格率、折弯合格率、抛光合格率、热处理合格率、负荷试验合格率等。u 图及 c 图采用的子组特征呈波松分布，是通过控制一组产品暇疵点数来控制产品质量的，如焊缝裂纹数、焊缝气孔数、铸造针孔数、锻造裂纹数、表面划伤处数、材料缺陷数等。

表 10—1 为质量控制图的种类及其优缺点比较，可作为参考依据。

表 10—1　　　　　　　　质量控制图的种类及其优缺点比较

种类	优点	缺点	备注
单值控制图（x）	简便	偶因引起的越控制限容易引起误判	适用于不便分组的场合；想及时发现估计不到的原因并加以消除的场合；加工时间长的场合；测量费用高或测量时间长的场合
单值—移动极差控制图（$x - Rs$）	较简便	判定仍不够准确，且不够灵敏	与 x 控制图原则上属于同一类型，仅为了解决控制图的缺点而进行了一些改进
均值—极差控制图（$\bar{x} - R$）	理论根据充分，较为灵敏	操作较为复杂	是所有控制图中最经常使用的一种，是控制图中的主力军
中位数—极差控制图（$\tilde{x} - R$）	较简便，控制图的稳定性较好	灵敏性略差	具有 $\tilde{x} - R$ 图的一些基本特点，但操作比 $\tilde{x} - R$ 控制图简便
均值—标准偏差控制图（$\bar{x} - s$）	灵敏性好，判定准确	计算麻烦，可操作性不好	是控制图中的豪华版，可以对质量情况进行精确的判定

各种质量控制图的中心线、控制上限、控制下限的计算方法有所不同，详细计算公式可参阅 GB/T 4091—2001《常规控制图》。下面以应用最广泛的 $\bar{X} - R$ 图（均值—极差控制图）为例说明用控制图进行工序质量控制的方法。

 操作技能

质量管理案例——用质量控制图解决凸轮轴长度超差问题

一、应用 $\bar{X} - R$ 控制图控制工序质量

$\bar{X} - R$ 控制图的理论基础是 3σ（σ 是子组标准差）原则，只要工序处于稳定状态，则从总体中抽取出的子组特征值出现在（$\bar{X} \pm 3\sigma$）区间的概率为 99.735%，

假如发现子组特征值出现在 $(\bar{X} \pm 3\sigma)$ 区间以外，就可以认为生产状态发生了变化。由于这种判断发生错误的概率在 10 000 次中最多只有 3 次，这种 0.027% 的判断错误（即危险率）可忽略。$\bar{X} - R$ 控制图是计量控制图，是 $\bar{X}$ 控制图和 R 控制图并用的一种形式，$\bar{X}$ 控制图是观察产品某项质量特征数的平均值的波动，R（质量特征值极差）控制图是观察产品某项质量特征数的离散程度的变化。

二、控制图的绘制方法

1. 收集抽样数据

收集准确的抽样数据是进行质量控制分析的基础，也是绘制质量控制图的第一步。一般可随机抽样收集 80 ~ 150 个数据。为便于计算，一般将数据平均分成 20 ~ 25 子组，每组 4 ~ 5 个样本数据，在分析同一控制参数时，所用数据应使用相同的生产条件（人员、设备、材料、工艺方法、环境、检测方法），才具备相同的分析比较的前提。表 10—2 是收集到数控车加工某轴外圆时的实测数据，共分成 20 个组，每组 5 个数据。

表 10—2　　　　　　　　　　　　实测数据

组号	外圆直径（mm）					$\bar{X}$	R
	X_1	X_2	X_3	X_4	X_5		
1	10.005	9.994	9.995	10.005	10.001	10	0.011
2	10.003	10.004	9.994	10.003	9.995	9.999 8	0.01
3	9.998	9.996	10.001	9.998	9.997	9.998	0.005
4	9.995	9.996	10.006	9.995	10.002	9.998 8	0.011
5	9.994	10.004	9.994	9.997	9.995	9.996 8	0.01
6	10.002	10.005	10.003	10.002	9.994	10.001	0.011
7	9.995	10.003	9.998	9.995	10.001	9.998 4	0.008
8	9.994	9.995	9.996	9.994	10.006	9.997	0.012
9	10.001	9.998	10.004	10.001	9.994	9.999 6	0.01
10	10.006	9.997	10.006	10.006	10.003	10.003	0.009
11	9.994	10.005	10.005	9.995	10.003	10	0.011
12	10.003	10.005	10.003	9.994	9.998	10.001	0.011
13	9.998	10.003	9.998	10.001	9.995	9.999	0.008
14	9.996	9.998	9.995	10.006	10.005	10	0.011
15	10.004	9.995	9.997	9.994	10.003	9.998 6	0.01
16	10.005	9.997	10.002	10.003	9.993	10	0.012

续表

组号	外圆直径（mm）					$\overline{X}$	R
	X_1	X_2	X_3	X_4	X_5		
17	10.003	10.002	9.995	9.998	9.994	9.998 4	0.009
18	9.995	9.995	9.994	9.996	10.005	9.997	0.011
19	9.998	9.994	10.001	10.004	10.006	10.001	0.012
20	9.997	10.001	10.006	10.005	9.995	10.001	0.011

2. 计算控制图相关参数

为绘制控制图，需要计算控制线，与控制线相关的主要参数有各组平均值 $\overline{X}$、各组极差 R、子组平均值的平均值 $\overline{\overline{X}}$、子组极差平均值 $\overline{R}$。计算公式如下：

$$\overline{X}_j = \sum_{i=1}^{n} X_{ij}/n$$

$$R_j = X_{j\max} - X_{j\min}$$

$$\overline{\overline{X}} = \sum_{j=1}^{k} \overline{X}_j/k$$

$$\overline{R} = \sum_{j=1}^{k} R_j/k$$

式中　$\overline{X}_j$——第 j 组的平均值；

　　　R_j——第 j 组的极差；

　　　n——子组样本大小；

　　　k——组数；

　　　X_{ij}——第 j 组第 i 个样本；

　　　$X_{j\max}$——第 j 组样本中的最大值；

　　　$X_{j\min}$——第 j 组样本中的最小值。

依据上面的计算公式，对表10—2中的样本数据进行计算，各组平均值 $\overline{X}$、各组极差 R 的计算结果见表10—2，子组平均值的平均值 $\overline{\overline{X}} = 9.999\,4$，子组极差平均值 $\overline{R} = 0.010\,2$。

3. 计算控制线并绘制控制图

（1）$\overline{X}$ 图控制线

中心线 CL $= \overline{\overline{X}}$

控制上限 UCL $= \overline{\overline{X}} + A_2\overline{R}$

控制下限 $LCL = \overline{\overline{X}} - A_2\overline{R}$

A_2 为系数，仅与子组样本大小 n 有关，可在 GB/T 4091—2001 中查到，当 $n = 5$ 时，$A_2 = 0.577$，以表 10—2 的数据为例，可计算得：$CL = 9.999\ 4$，$UCL = 10.005\ 3$，$LCL = 9.993\ 5$。

（2）$\overline{R}$ 图控制线

中心线 $CL = \overline{R}$

控制上限 $UCL = D_4\overline{R}$

控制下限 $LCL = D_3\overline{R}$

D_4、D_3 为系数，仅与子组样本大小 n 有关，可在 GB/T 4091—2001 中查到，当 $n = 5$ 时，$D_4 = 2.114$，$D_3 = 0$，以表 10—2 的数据为例，可计算得：$CL = 0.010\ 2$，$UCL = 0.021\ 6$，$LCL = 0$。

根据上面计算的结果，绘制控制线，然后将各子组平均值绘制在图上得到 $\overline{X}$ 图，将子组极差绘制在图上得到 R 图，$\overline{X}$ 图和 R 图通常一起使用，构成 $\overline{X} - R$ 图，如图 10—3 所示。

4．控制图分析

判定工序处于受控状态，必须同时满足两个条件：一是控制图上连续 25 点没有一点在界线限外或连续 35 点中最多一点在限外或连续 100 点中最多一点在限外。如果点恰巧落在上、下控制线上，作为限外计。二是点的分布无下述异常现象：

（1）连续 7 点或更多点在中心线一侧。

（2）连续 7 点呈上升或下降趋势。

（3）连续 11 点中有至少 10 点在中心线一侧。

（4）连续 14 点中有至少 12 点在中心线一侧。

（5）连续 17 点中有至少 14 点在中心线一侧。

（6）连续 20 点中有至少 16 点在中心线一侧。

（7）点发生周期性波动。

如果出现上述情况，检查人员或操作人员应发出信号，检查设备、刀具、工装、装夹方法、工艺参数、环境等生产条件是否满足要求，采取调整措施，以稳定产品质量。从图 10—3 中可以看出，$\overline{X}$ 图与 R 图完全正常，分析的产品工序处于受控状态。

质量控制图是一种简便有效的质量控制手段，国内外的企业管理中已有大量应用。凡需要进行质量控制的场合都可以应用质量控制图，尤其是工序的质量控制。

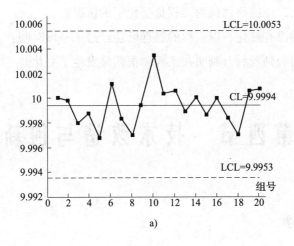

a)

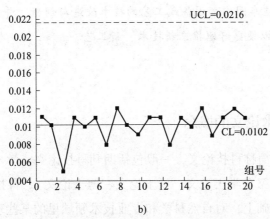

b)

图 10—3 计算获得的 $\overline{X}$ 图和 R 图

a) $\overline{X}$ 图 b) R 图

三、注意问题

选择合适的质量控制图形式仅是成功的一半。要能使用好控制图，需要注意以下两个问题。

（1）要明确由谁来进行抽样和测量，同时明确抽样和测量的人对控制图的"好"与"坏"是没有关系的。要使每个人都认识到控制图发生异常不是一件坏事，从而尽可能杜绝出现虚假的数据；要使每个人都认识到发生异常时要找出导致异常的真正原因，从而将管理界线作为"决定行为基准的一种规则"。

（2）管理线的计算问题。一般说来，如果过程稳定，那么管理线可以不用变化。但是，在以下三种情况下，还是应重新计算管理线：

1）从技术上，很明显地认为工程是变化了的情况；

2）虽然工程没有变化，但工程的管理已经经过了一段时间；

3）对管理图做判断后，判明在工程中很明显发生了变化。

第四节　技术改造与创新

 学习目标

➤能够组织实施车间内部设备或工艺的技术改造与创新，并能撰写技术改造和创新的技术论文，以便更好地推广新技术、新工艺。

 相关知识

一、科技技术论文的概念

科学技术论文简称科技论文，一般包括期刊科技论文、学术会议论文、毕业论文、学位论文（又分学士论文、硕士论文、博士论文）。科技论文是在科学研究、科学实验的基础上，对自然科学和专业技术领域里的某些现象或问题进行专题研究、分析和阐述，揭示这些现象和问题的本质及其规律性而撰写成的文章。也就是说，凡是运用概念、判断、推理、论证和反驳等逻辑思维手段，来分析和阐明自然科学原理、定律和各种工程技术问题的文章，均属科技论文的范畴。科技论文主要用于科学技术研究及其成果的描述，是研究成果的体现，运用它们进行成果推广、信息交流、促进科学技术的发展。科技论文还是考核科技人员业绩的重要标准。

二、用于高级技师评审的科技论文基本要求

1. 创造性

衡量科技论文价值的根本标准就在于它的创造性。如果没有新见解、新发现、新发明，就没有必要写论文。因为现代科技的目的就在于创造与创新。作为高级技师评审的论文，它的主要目的是让评审人员鉴定论文的创新价值，并让企业能够继承高级技能人才的独创性技术成果。

2．理论性

科技论文要求运用科学的原理和方法，对加工制造领域新问题进行科学分析、严密论证、抽象概括。虽然科技论文取材于某一产品加工工序或工装设备研制过程，但绝不是对产品的外观形态和加工过程的简单描述，或者就事论事地进行叙述，而是要经过提炼、加工，从理论上做出说明，可见，理论性是科技论文的重要特征。

3．实用性

由于高级技师主要来自生产一线，所以涉及的技术问题主要是针对实际加工操作等工艺问题，论文所提出的理论和方法要能够推广应用，并能够帮助企业解决车间现场的实际工艺问题。

4．科技论文内容选题

科技论文选题是确定专攻方向，明确解决的主要问题。选题不能单凭个人兴趣，或者一时热情，而要从企业产品开发的实际需要出发，选择那些理论性强、实用价值高的、能为企业创造重大经济效益的内容。

三、科技论文基本格式

随着科技论文大量发表，越来越要求论文作者以规范化、标准化的固定结构模式（即通用型格式）来表达他们的技术成果。这种通用型结构形式是经过长期实践，而总结出来的论文写作的表达形式和规律。这种结构形式是最明确、最易令人理解的表达科研成果的最好形式。其通用型结构格式的构成项目如下：

1．标题

科技论文标题的选择与确定，除了遵循前述的方法外，其标题应尽量少用副标题。同时，这种标题不能用艺术加工过的文学语言，更不得用口号式的标题。它最基本的要求是醒目、能鲜明概括出文章的中心论题，以便引起读者关注。科技论文标题还要避免使用符号和特殊术语，应该使用一般常用的通俗化的词语，以使本学科专家或同行一看便知，而且外学科的人员和达到一定文化程度的人员也能理解，这才有利于交流与传播。

2．作者及其工作单位

该项主要体现论文作者的文责自负的精神，记录了作者辛勤劳动及其对人类科学技术事业所做出的奉献。因此，发表论文必签署作者姓名。署名时，可用集体名称，或用个人名义。个人署名只能用真实姓名，切不可使用笔名、别名，并写明工作单位和住址，以便联系。

由于现代科学技术研究工作趋于综合化、社会化，需要较多人员参加研究，署名时，可按其贡献大小排序署名，只参加某部分、某一实验及对研究工作给以资助的人员不再署名，可在致谢中写明。

3. 摘要

摘要又称提要，一般论文的前面都有摘要。设立该项的目的是方便读者概略了解论文的内容，以便确定是否阅读全文或其中一部分，同时也是为了方便科技信息人员编文摘和索引检索工具。摘要是论文的基本思想的缩影，虽然放在前面，但它是在全文完稿后才撰写的。有时，为了国际交流需要，还要把中文摘要译成英文或其他文种。摘要所撰写内容大体如下：

（1）本课题研究范围、目的以及在该学科中所占的位置。

（2）研究的主要内容和研究方法。

（3）主要技术成果及其实用价值。

（4）主要结论。

文摘撰写要求是准确而高度概括论文的主要内容，一般不作评价。文字要求精炼、明白，用字严格推敲。文摘内容中一般不举例证，不讲过程，不做工作对比，不用图、图解、简表、化学结构式等，只用标准科学命名、术语、惯用缩写、符号。其字数一般不超过正文的5%。近年来，为了便于制作索引和电子计算机检索，要求在摘要之后提出本篇论文的关键词（或主题词），以供检索之用。

4. 引言

引言是一篇科技论文的开场白，它写在正文之前。每篇论文引言主要用以说明论文主题、总纲。常见的引言包括下述内容：

（1）课题的提出背景、性质范围、研究目的及其重要性。

（2）前人研究经过、成果、问题及其评价。

（3）概述达到理想答案的方法。

引言一般不分段落，若论文内容较长、涉及面较广，可按上述三个内容分成三个段落。引言里，作者不应表示歉意，也不能抬高自己、贬低别人，对论文的评价应让读者去作。

5. 正文

正文是论文的主体，占全篇幅的绝大部分。论文的创造性主要通过本部分表达出来，同时，也反映出论文的理论水平。写好正文要有材料、内容，然后有概念、判断、推理，最终形成观点，也就是说，应该按照逻辑思维规律来安排组织结构。

这样就能顺理成章。正文一般由以下各部分构成：

（1）研究或实验目的。

（2）实验材料（设备）和方法。

（3）实验经过。

（4）实验结果与分析（讨论）。

6．结论

该部分是整个课题研究的总结，是全篇论文的归宿，起着画龙点睛的作用。一般说来，读者选读某篇论文时，先看标题、摘要、前言，再看结论，才能决定阅读与否。因此，结论写作也是很重要的。撰写结论时，不仅对研究的全过程、实验的结果、数据等进一步认真地加以综合分析，准确反映客观事物的本质及其规律，而且，对论证的材料、选用的实例、语言表达的概括性、科学性和逻辑性等各方面，也都要逐一进行总判断、总推理、总评价。同时，撰写时不是对前面论述结果的简单复述，而要与引言相呼应，与正文其他部分相联系。总之，结论要有说服力，恰如其分。语言要准确、鲜明。结论中，凡归结为一个认识、肯定一种观点、否定一种意见，都要有事实、有根据，不能想当然，不能含糊其辞，不能用"大概""可能""或许"等词语。如果论文得不出结论，也不要硬写。凡不写结论的论文，可对实验结果进行一番深入讨论。

7．致谢

技术研究通常不是只靠一两个人的力量就能完成的，需要多方面力量支持、协助或指导。特别是大型产品技术攻关，更需联合作战，参与的人数很多。在论文结论之后或结束时，应对整个研究过程中曾给予帮助和支持的单位和个人表示谢意。尤其是参加部分研究工作，未有署名的人，要肯定他的贡献，予以致谢。如果提供帮助的人过多，就不必一一提名，除直接参与工作、帮助很大的人员列名致谢，一般人均笼统表示谢意。如果有的单位或个人确实给予了帮助和指导，甚至研究方法都是从人家那里学到的，也只字未提，未免有剽窃之嫌。如果写上一些从未给予帮助和指导的人，为照顾关系而提出致谢也是不应该的。

8．参考文献

作者在论文之中，凡是引用他人的报告、论文等文献中的观点、数据、材料、成果等，都应按本论文中引用先后顺序排列，文中标明参考文献的顺序号或引文作者姓名。每篇参考文献按篇名、作者、文献出处排列。列上参考文献的目的，不只是便于读者查阅原始资料，也便于自己进一步研究时参考。应该注意的是，凡列入的参考文献，作者都应详细阅读过，不能列入未曾阅读的文献。

9. 附录

附录是将不便列入正文的有关资料或图样、编入，它包括有实验部分的详细数据、图谱、图表等，有时论文已写成，临时又发现新发表的资料需予以补充，可列入附录。附录里所列材料可按论文表述顺序编排。

以上所谈及的论文写作基本结构格式，适用于课题较大、内容篇幅长的论文，对于某些行业的小课题、篇幅短的技术报告或论文，基本结构格式可增减、合分。作者选用时，不能搬硬套，可依据具体情况，进行增减、合分，最终都要服务于更好地表述技术研究和创新的论文内容。

 操作技能

老旧数控铣床的技术改造

机床数控化改造涉及机械、电气、计算机、伺服系统等诸多技术，是一项综合性较强的工作。许多机械制造企业都非常重视数控机床的技术改造，因为具有两大非常重要的意义，一方面能够提高企业内部的机床的数控化程度，另一方面可以节约大量的设备资金。这里针对某企业的一台老式 VMC800 型数控铣床的伺服和控制系统进行技术改造。

考虑机床技术改造后的使用要求和所需达到的目的，以及投资情况和改造周期等相关因素，一般来讲，机床技术改造的目的主要有以下几种：

（1）诊断恢复

对机床、生产线存在的故障部分进行诊断并恢复其原有功能。

（2）实现数控化

在普通机床上加数显装置或数控系统，改造成数控机床。

（3）机床升级

为提高精度、效率和自动化程度，对机床的机械部分、电气部分进行修理、重新加工、装配或者局部更新来提高机床精度；用最新的数控系统、伺服系统来更新不能满足生产要求的原系统。

（4）技术更新或技术创新

为提高性能或设备档次，或为了使用新工艺、新技术，在原有机床和生产线的基础上进行较大规模的技术更新或技术创新，较大幅度地提高技术水平和档次。

原数控铣床的控制系统为20世纪80年代产品，技术上相对落后，编程操作烦琐，故障频繁，工作不可靠，已经不能正常加工零件。在改造前，首先进行了经济性分析，如果购置一台新的具有同种功能的机床，需资金40万~50万元人民币，而对该机床进行改造，所需成本为12万元人民币以下，约为新设备的1/4，因此，值得改造。同时，可以减少闲置设备。其次，对该机床的机械传动部分即主轴、导轨、丝杠进行了检测，发现基本上没有磨损，具有良好的精度，通过改造完全可以达到精度要求。

对于一台数控机床，它的功能有两类：一类是数控系统制造商提供的功能，如人机界面，程序输入、编辑、存储，图形功能，刀补以及坐标系零点设置功能。另一类功能是机床厂或系统集成商根据数控系统制造商提供的窗口二次开发后形成的功能，它主要通过机床操作面板和可编程控制器软件提供，例如，启动、停止、手动操作、速度超调、主轴启停、冷却润滑开关等。对最终用户而言，往往没有必要分清到底是哪一类功能。应该说第一类功能是刚性的，而第二类功能是柔性的，是可以增删的。数控化改造过程的重点是第二类功能的形成过程。通过数控系统提供的PLC应用软件，结合实际的控制要求，连接机床及操作面板上的按钮到PLC的I/O口，对机床进行正确的控制，才是数控化改造的关键问题。

1. 硬件系统分析与改造方案

对原机床的操作过程、控制顺序、逻辑关系进行深入的剖析是确定改造方案的前提。原控制系统的主轴是通过变频器控制的，其他辅助功能是通过继电器控制的，控制部分体积大，电气老化，不能正常工作。经过分析，保留机床的冷却、润滑系统。主轴仍采用原变频器控制。只是把冷却润滑及变频器的控制按钮接入新的数控系统的I/O口，使控制一体化。对于进给轴，决定采用德国SIEMENS公司SINUMERIK 802D数控系统和SIMODRIVE 611驱动系统进行控制。

SINUMERIK 802D将所有CNC、PLC、HMI和通信任务集成于一体。免维护的硬件集成了PROFIBUS接口用于驱动I/O模块并具有快速装配结构的超薄操作面板。SINUMERIK 802D是基于PROFIBUS总线的数控系统。输入/输出信号是通过PROFIBUS传送的，位置调节（速度给定和位置反馈信号）也是通过PROFIBUS完成的。SINUMERIK 802D可控制最多4个数字进给轴和1个主轴。

SIMODRIVE 611是一种功能可配置的驱动系统，具有模块化设计和PROFIBUS接口，因而各轴驱动的功率可独立配置，与SINUMERIK 802D能够构成理想的组合。使用SIMODRIVE 611能够提供一种全数字化的驱动系统来满足机床在动态响应、速度调整范围和旋转精度特性等方面的要求。由于驱动系统为模块化设计，各驱动器可独立优化至其最佳状态。进给轴选用 1FK6 电动机驱动。1FK6 交流伺服电动机是永磁同步电动机，带有内装光电编码器，电动机按照无外部冷却设计，热量通过电动机表面散发。

数控铣床的运动有 3 个直线进给轴 X、Y、Z，既可以单独运动又可以联动，共同实现零件加工所要求的运动。

主轴由变频器单独控制。控制面板实现急停、启动、停止、润滑冷却等功能。具体实现时考虑以下几个方面。

（1）改造后的机床界面友好，方便操作。

（2）对原机床电气柜内的继电器、直流电源、空气开关、熔断器和接线排等予以保留，并根据需要稍作变动。

（3）在设计新的机床面板时尽量考虑保持原机床面板操作开关及按钮的功能设置，以方便操作人员使用。

机床的电气系统如图 10—4 所示，其中 SIMODRIVE 611 驱动器连接 3 个型号为 1FK6、带有光电编码器的交流伺服电动机，控制铣床的 X、Y、Z 轴的进给运动。该数控系统是一个半闭环系统，因为伺服电动机上的编码器将信号直接反馈给 CNC 系统，既作为位置反馈，又作为速度反馈，CNC 发出的速度指令送入 SIMODRIVE 611 驱动单元。

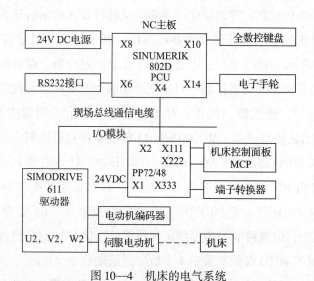

图 10—4　机床的电气系统

2. 系统软件设计

系统软件如插补、伺服、译码、数据处理等模块由 SINUMERIK 802D 提供，用户只需在机床调试时输入相关的参数。PLC 应用程序是软件开发的关键，它完成数

控机床的 M、S、T 指令功能，即除了主运动以外的辅助功能。PLC 软件结构如图
10—5 所示。

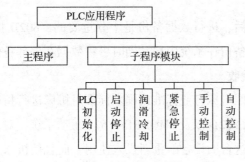

图 10—5　PLC 软件结构

3. 机床调试

调试是数控化改造的最后一个步骤，一般包括功能性调试、试切及数据备份三
个方面。

（1）功能性调试

在面板制作完毕、所有硬件安装到位、PLC 应用程序及机床参数编制完毕后就
可以开始调试。调试的目的是数控系统和机床的适配。数控原理中把控制分为主运
动（坐标轴）控制和辅助功能控制两部分，相应的，功能性调试也可分为坐标轴
运动调试和辅助功能调试两部分。

对于 SINUMERIK 802D 系统，当各个部件连接完毕后，则需开始调试 PLC 的
控制逻辑。至关重要的是必须在所有有关 PLC 的安全功能全部准确无误后，才能
开始调试驱动器和 802D 参数的调试。

当 PLC 应用程序正确无误后，即可进入驱动器调试。其中调试过程包括下列
内容：首先利用准备好的驱动器调试电缆将计算机与 611UE 的 X471 连接起来，然
后调用驱动器调试工具，最后配置电动机参数并调试。驱动器调试完成后，必须对
NC 系统即 802D 进行调试。首先对 802D 设定基本参数，参数包括线配置、驱动器
模块定位、位置控制使能、传动系统参数配比、驱动器参数优化，及坐标速度和加
速度、位置环增益。

坐标轴运动的调试首先从手动开始，注意各坐标轴运动方向及其坐标值的大小
和定义的量是否一致，不一致时应调整机床参数。在主轴和坐标轴运动前，应检查
润滑系统和冷却系统是否正常工作，以免损坏机床，在所有功能及手动运动正常后
才能进行自动方式运行。

（2）试切

试切零件应选择能反映机床性能的形状，加工完后用三坐标测量机对工件进行检查。通过试切，证明该数控系统的功能完备，能够满足凸轮加工的精度要求。

（3）数据备份

在系统调试完毕后，进行数据备份是十分重要的，802D 提供了多种数据备份的方法。首先将数据备份在系统内部，同时可将数据在外部备份。

4. 机床改造后验收

经过调试后，按照机床行业标准或国家标准对机床进行精度检验。

运用 SINUMERIK 802D 以及 SMODRIVE 611 驱动系统，对老旧的数控铣床进行了技术改造，不仅使这台旧设备能重新投入使用，而且使机床的操作更加方便，工作更稳定，能够满足加工要求，不仅为企业节约了成本，而且为企业带来了一定的经济效益。